ZEITSCHRIFT FÜR ANGEWANDTE GEOLOGIE

HERAUSGEGEBEN VON
DER STAATLICHEN GEOLOGISCHEN KOMMISSION
UND DER ZENTRALEN VORRATSKOMMISSION
DER DEUTSCHEN DEMOKRATISCHEN REPUBLIK

AUS DEM INHALT

AKADEMIE-VERLAG · BERLIN

BAND 7 / HEFT 4
APRIL 1961
SEITE 161–216

	INHALT	СОДЕРЖАНИЕ	CONTENTS	

Die ZEITSCHRIFT FÜR ANGEWANDTE GEOLOGIE berichtet ständig ausführlich über folgende Arbeitsgebiete: Geologische Grundlagenforschung und Lagerstättenforschung / Methodik der geologischen Erkundung / Ökonomie und Planung der geologischen Erkundung / Technik der geologischen Erkundung / Geologie und Lagerstättenkunde im Ausland / Bibliographie, Verordnungen, Richtlinien, Konferenzen, Personalnachrichten

Die ZEITSCHRIFT FÜR ANGEWANDTE GEOLOGIE ist kein Organ einer engen Fachgruppe. Auf ihren Seiten können alle strittigen Fragen der praktischen Geologie behandelt werden. Die Autoren übernehmen für ihre Aufsätze die übliche Verantwortung.

ZEITSCHRIFT FÜR ANGEWANDTE GEOLOGIE

CHEFREDAKTEUR: PROF. DR. E. LANGE

BAND 7 · APRIL 1961 · HEFT 4

Bodenformenkarten als Planungsunterlage für Landwirtschaftliche Produktionsgenossenschaften

WALTER HEGER, Berlin

Der außerordentliche Wert, den exakt ausgeführte Bodenkarten für die planmäßige Entwicklung der Landwirtschaft besitzen, wurde von N. S. CHRUSCHTSCHOW auf dem Plenum des ZK der KPdSU am 17. 1. 1961 besonders betont. Nachdem von ihm eine strenge Verordnung über die sachgemäße Bodenverwendung angekündigt wurde, fuhr er fort: „Jeder Kolchos muß Bodenkarten besitzen, die über die Qualität der Böden Auskunft geben. In den Kolchosen und Sowchosen muß es für jedes Jahr ein Fruchtfolgeverzeichnis geben. Darin ist einzutragen, auf welcher Fläche welche Kulturen angebaut werden." Einen ersten Beitrag in dieser Richtung stellt die folgende Arbeit dar. (D. Red.)

Die volkswirtschaftlich notwendige Steigerung der landwirtschaftlichen Erträge in der Großflächenwirtschaft verlangt die Nutzung der Genossenschaftsflächen unter Berücksichtigung der natürlichen Ertragsbedingungen. Diese lassen sich zusammenfassen in dem komplexen Begriff der Bodenform. Die Faktoren, aus denen sich eine Bodenform aufbaut und die auch die Grenzen bestimmen, innerhalb deren sie gilt, sind Mikroklima, Ausgangsgestein, Bodenart, Bodentyp, Relief und Wasser.

Durch neue Kartierungsarbeiten wurde im Zusammenhang mit Bodenschätzungsergebnissen versucht, die Bodenformen der LPG „Deutsch-Polnische Freundschaft", Ortwig, Kreis Seelow, zu ermitteln, abzugrenzen und kartenmäßig darzustellen. An Hand dieser Karte war es möglich, die im Anbauplan enthaltenen Kulturen entsprechend ihren Erfordernissen auf den richtigen Standort zu stellen und in eine geordnete Fruchtfolge einzureihen. Mehr als früher sind dabei jetzt die bodenbiologischen und pflanzenbaulichen Belange zu berücksichtigen, die zur Steigerung der Bodenfruchtbarkeit beitragen; denn mit der Einführung der modernen Technik in der Landwirtschaft hat das Problem der Arbeitsspitzen an Bedeutung verloren.

Die Ergebnisse dieser Arbeiten sollen für die Bewirtschaftung der LPG in Ortwig als Grundlage dienen und zur Diskussion in anderen LPG mit ähnlichen natürlichen und wirtschaftlichen Ertragsbedingungen anregen.

1. Allgemeine geologische Situation

Die Gemarkung Ortwig liegt im nördlichen Teil des Oderbruches, etwa 19 km nördlich von Seelow.

Das Oderbruch ist ca. 15 km breit und hat eine ± nord—südliche Gesamterstreckung von etwa 60 km. Die Vertiefung, in der sich das Bruch bildete, entwickelte sich wahrscheinlich über einem alten Lineament und dem Thorn—Eberswalder Urstromtal, in dem die Schmelzwässer bei Rückzug des Eises im Pommerschen Stadium der Weichselvereisung zunächst abtragend wirkten. Später wurden Sande, Schluffe und Tone sedimentiert, die aus den angrenzenden Hochflächengebieten (Geschiebemergel, Sand, Löß) stammen. Anschließend setzte die Oder im Bruchgebiet überwiegend feinkörnige mineralische und organische Stoffe ab. Es entstand eine mit Gräben durchzogene und mit üppiger Sumpf- und Bruchwaldflora bestandene ebene bis fast ebene Landschaft. Nach den Korngrößen der oberen Bodenschichten kommen als Bildungsbedingungen nur überwiegend langsam fließende und stehende Überschwemmungswässer in Frage.

Bei der Betrachtung von Bohrprofilen tieferer Schichten ist zu erkennen, daß außer den in einem Auegebiet üblichen Überschwemmungen noch größere vernichtende Überflutungen, allerdings in größeren Zeitabständen, aufgetreten sind. Diese haben das mitgeführte Bodenmaterial in relativ mächtigen Schichten abgesetzt und damit ausgedehnte Bruchwälder und Sumpfwiesen bedeckt (fossile Horizonte).

Erst mit der Regulierung der Oder und der Eindeichung des Bruchgebiets (1717) wurde den Hochwasserüberschwemmungen Einhalt geboten, und der Boden konnte in Kultur genommen werden.

2. Die hydrologischen Verhältnisse

Die gegenwärtigen hydrologischen Verhältnisse der Gemarkung Ortwig sind durch Geländehöhe (5,5—7,8 m ü. NN), Grundwasserstand und Tiefenlage der wasserstauenden Schichten bedingt. Im mittleren Teil der Gemarkung ist der Grundwasserstand verhältnismäßig oberflächennah (± 1,0 m) und nimmt im allgemeinen nach der nördlichen und südlichen Gemarkungsgrenze hin ab (2,0—3,0 m u. tiefer).

Trotz der Eindeichung wirken sich hauptsächlich im Frühjahr auftretende Hochwässer der Oder auf die Wasserverhältnisse der angrenzenden Ländereien ungünstig aus: Die Wassermassen drücken dann in den unter den Deichen befindlichen Kiesschichten landeinwärts, treten an die Oberfläche und führen zur Überschwemmung (Qualmwasser).

3. Das Klima

Das Oderbruch zählt zu den niederschlagsärmsten Gebieten der DDR. Die Jahresniederschläge betragen im 40jährigen Mittel 470—520 mm. Als niederschlagsreichster Monat gilt der Juli mit durchschnittlich 60 mm und als niederschlagsärmster der Februar mit etwa 30 mm. Ausgesprochene Dürreperioden treten aber bei Ackerkulturen nicht auf, da der Grundwasserstand im allgemeinen relativ hoch ist. Dagegen kann in niederschlagsarmen Sommer- und Herbstmonaten auf Weiden und im Gemüsebau, wegen des höheren Wasserbedarfs als bei den meisten Ackerkulturen, Wassermangel eintreten.

Die Zahl der Nebeltage ist mit 40—50 Tagen etwa 35% höher als in den benachbarten Gebieten. Hagelgefahr ist kaum vorhanden. Tau, Reif und Rauhreif sind sehr häufig. Die starken Taueinwirkungen geben den Pflanzen in regenarmen Zeiten oft die erforderliche Frische.

Die Jahresdurchschnittstemperaturen liegen mit 8° C etwas niedriger als in den an das Oderbruch angrenzenden Gebieten. Im Juli wurden die höchsten monatlichen Durchschnittstemperaturen mit 17,8° C und im Januar die niedrigsten mit — 1,1° C gemessen. Früh- und Spätfröste sind für das Bruchgebiet typisch. Die Erwärmung und die Abtrocknung der Böden im Frühjahr erfolgten meist langsamer als auf den Hochflächen der Umgebung. Dadurch verzögern sich (hauptsächlich auf schweren Böden) wichtige agrartechnische Termine um etwa 8—14 Tage gegenüber denen des benachbarten Brandenburg, z. B. Beginn der Vegetation, Beginn der Frühjahrsbestellung, Auftrieb der Weidetiere, Beginn der Ernte u. a.

Im allgemeinen ist das Klima für das Pflanzenwachstum nicht ungünstig. Allerdings können Landregen und kurze Starkregen die Bearbeitung (hauptsächlich Pflegearbeiten) der schweren Böden für mehrere Tage unmöglich machen, wodurch wegen der von Natur aus starken Unkrautwüchsigkeit hohe Arbeitsspitzen entstehen. Das vorwiegend sonnige Wetter in den Sommer- und z. T. in den ersten Herbstmonaten ist für den Anbau von Sommergerste (Braugerste) und Zuckerrüben besonders günstig.

4. Die Kartierung

Die erläuterten geologischen und klimatischen Verhältnisse und das ebene bis fast ebene Gelände sind für die gesamte Gemarkung Ortwig typisch. Somit brauchten zur Feststellung der Bodenformen nur noch die Bodenarten, die lokalen Wasserverhältnisse und die Bodentypen ermittelt zu werden. Schwierigkeiten ergaben sich hierbei vor allem aus dem im allgemeinen starken Wechsel der Bodenarten (häufig auch in vertikaler Richtung). Trotzdem war es möglich, im überwiegenden Teil der Ackerfläche durch Schürfe und Aufgrabungen und mit Hilfe der Bodenschätzungsergebnisse, deren Verwendung stets zweckmäßig ist, Partien mit gleichen und ähnlichen Wasserverhältnissen zu Bodenformen (I, II und IV) zusammenzufassen und zu kartieren. Kleine Partien mit anders geartetem Bodenmaterial mußten dabei unberücksichtigt bleiben, da sie bei der Bewirtschaftung erhebliche Schwierigkeiten herbeiführen würden. Der restliche Teil des Ackerlandes ist durch eine Bodenform (III) gekennzeichnet, für die ein sehr starker kleinflächiger Wechsel der Bodenarten und Wasserverhältnisse charakteristisch ist.

Die Nährstoffverhältnisse und der Kalkzustand der Böden sind durch die obligatorischen Untersuchungen des „Instituts für Landwirtschaftliches Versuchs- und Untersuchungswesen" in Potsdam ermittelt worden. Zur Feststellung physikalischer und sonstiger chemischer Eigenschaften der typischsten Böden wurden noch zusätzlich 20 Proben entnommen und im Bodengeologischen Laboratorium und Erdbaulaboratorium des Zentralen Geologischen Dienstes in Berlin untersucht (Analytiker: Dr. RÖSELER und Chem.-Ing. HERZOG).

5. Ergebnisse der Kartierung und der physikalischen Untersuchungen

Bodenform I — Überwiegend schwere und mittelschwere Böden mit oberflächennahem Grundwasser im ebenen bis fast ebenen Gelände

Die Flächen der Bodenform I (301,60 ha) befinden sich hauptsächlich im mittleren Teil der Gemarkung (s. Abb.). Etwa ein Drittel davon liegt betriebswirtschaftlich günstig und ist durch feste Straßen aufgeschlossen.

Am häufigsten kommen sandiger Lehm (sL), lehmiger Ton (LT) und Ton (T) vor. Eingesprengt sind noch lehmige (lS) bis stark lehmige (SL) und sandige Partien (anlehmige Sande und Sande, Sl und S), die, wie bereits erwähnt, wegen ihrer geringen Flächenausdehnung nicht gesondert ausgegrenzt werden können. Sie zeigen, abgesehen von den Sandpartien, wegen ihres noch verhältnismäßig bindigen Bodenmaterials die gleichen, wenn nicht gar bessere Produktionsleistungen als die schweren tonigen Böden mit schlechter Wasserführung.

Durch ihren hohen Gehalt an Ton neigen die schweren Böden leicht zur Verschlämmung. Es handelt sich um ausgesprochene Minutenböden, die bei unsachgemäßer Bewirtschaftung große Schwierigkeiten bereiten können. Sie sind außerordentlich unkrautwüchsig. Zu ihrer Bearbeitung sind starke Zugkräfte erforderlich.

Die Ergebnisse der Korngrößenanalysen brachten:

65—82% abschlämmbare Bestandteile < 0,01 mm ⌀
17—34% Mittel- und Grobschluff, Fein- und Mittelsand
1% Grobsand

Damit sind Voraussetzungen für eine gute Struktur von Natur aus nicht gegeben, weil sich die fruchtbarsten Böden aus

ca. 30—44% abschlämmbaren Bestandteilen (Tonfraktion, Fein- und Mittelschluff) und
ca. 56—70% groben Bestandteilen (Mittel- und Grobschluff, Sand und Kies)

zusammensetzen.

Die Wasserverhältnisse der Bodenform I kennzeichnen sich im größten Teil des Jahres durch einen zu hohen Grundwasserstand (± 1,0 m), der oft von der Wasserführung der Oder abhängig ist. Bei zu hohen örtlichen Niederschlägen tritt Staunässe ein.

Neben der Bestimmung der Bodenarten, deren Korngrößenzusammensetzung und der Wasserverhältnisse sind kurze bodentypologische Feststellungen erforderlich, in denen die wichtigsten Entwicklungstendenzen zum Ausdruck kommen.

Der Bodentyp umfaßt nach LAATSCH eine Anzahl wesentlicher Merkmale und kennzeichnet gleichzeitig die Herkunft und Entwicklung und damit auch die natürlichen und verwandtschaftlichen Beziehungen.

Die schweren und mittelschweren Böden in den tieferen Lagen der Gemarkung Ortwig (Bodenform I) entwickelten sich entsprechend dem hohen Grundwasserstand zu Gleyböden.

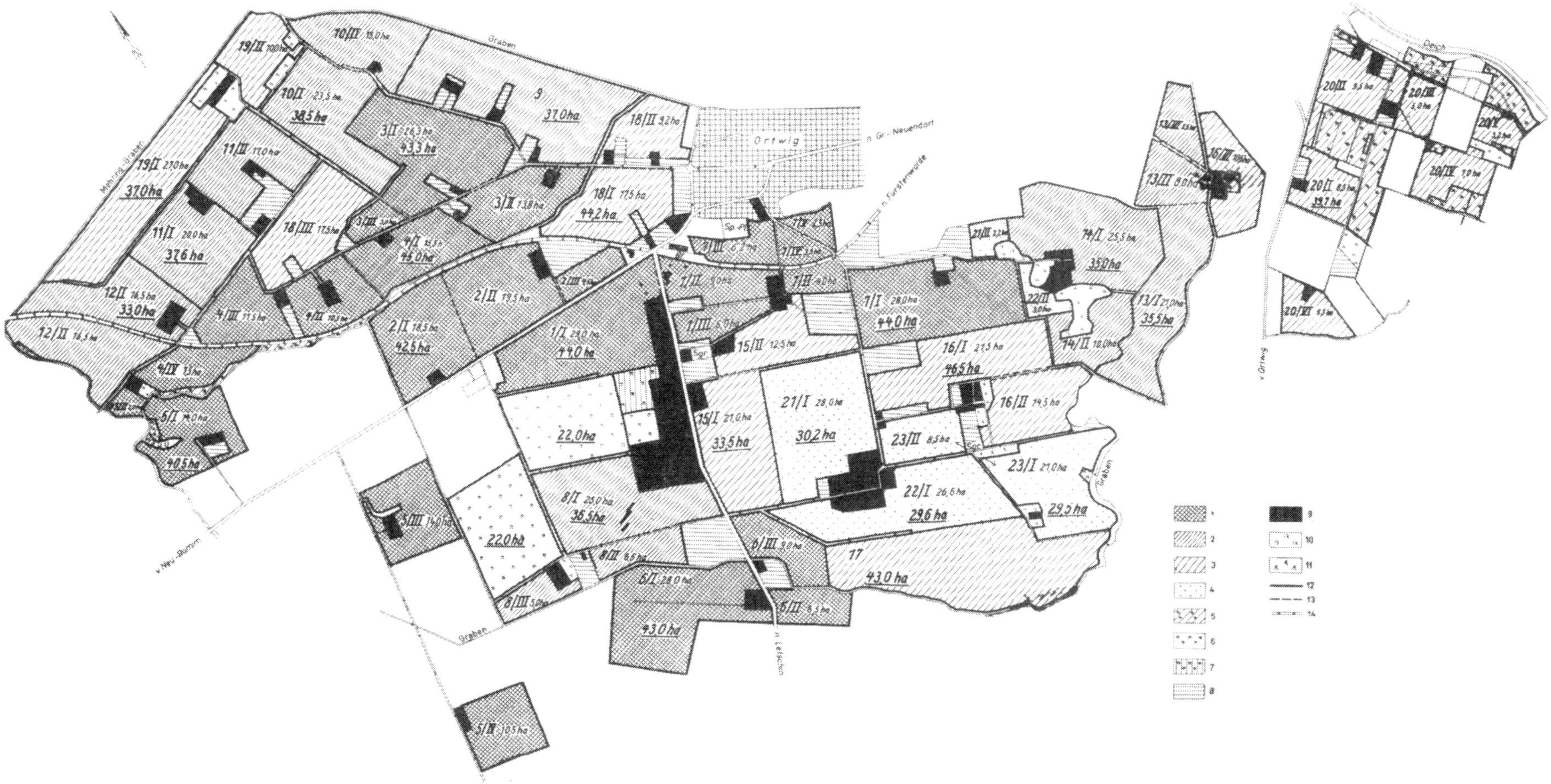

Karte der LPG „Deutsch-Polnische Freundschaft" in Ortwig

1 — Bodenform I: überwiegend schwere und mittelschwere Böden mit oberflächennahem Grundwasser im ebenen bis fast ebenen Gelände, 2 — Bodenform II: überwiegend mittelschwere Böden mit mittlerem Grundwasserstand im ebenen bis fast ebenen Gelände, 3 — Bodenform III: mittelschwere und leichte Böden mit unterschiedlichen Grundwasserverhältnissen im ebenen bis fast ebenen Gelände, 4 — Bodenform IV: überwiegend leichte Böden mit größtenteils niedrigem Grundwasserstand im ebenen bis fast ebenen Gelände, 5 — Mähwiese, 6 — Rinderweide, 7 — Schweineweide, 8 — individuell genutzte Flächen, 9 — Gebäude und Hofraum, 10 — Laubwald, 11 — Nadelwald, 12 — Schlaggrenzen, 13 — Grenzen der Teilschläge, 14 — unbefestigte Wege, 1/I, Nrn. der Schläge (1) und Teilschläge (I), 45,5 ha Gesamtflächen der Schläge, 10,5 ha Flächen der Teilschläge

Nach MÜCKENHAUSEN (1959) kann in einem Gleyboden infolge des hohen Grundwassers die in unserem Klima überwiegende Bewegung des Sickerwassers und der von ihm transportierten Stoffe im Boden nicht in gleichem Maße von oben nach unten erfolgen. Das ist nur in der geringmächtigen Zone über dem Kapillarsaum möglich, und die hier transportierten Stoffe werden nicht, wie bei grundwasserfreien Böden, wieder zum großen Teil in einer tieferen Bodenzone abgesetzt, sondern gelangen in den Bereich des Grundwassers. Das Grundwasser transportiert einerseits Stoffe, die es aus dem Boden aufgenommen hat, andererseits setzt es wieder herangetragene Stoffe (Eisen, Kalk) in der sogenannten Vergleyungs- oder Oxydationszone ab. Im Bodenprofil ist diese Zone durch die stellenweise rostbraune Verfärbung [Oxydation des II-wertigen Eisens zu Eisen(III)hydroxyd] und eventuelles Vorhandensein von Eisenkonkretionen gut zu erkennen. Der Grundwasserbereich dagegen ist durch Reduktion des III-wertigen Eisenhydroxyds in II-wertiges Eisen grau gefärbt. Neben dem Grau zeigt dieser Bereich in vielen Fällen noch grünliche, blaue und graublaue Farbtöne, die auf die Bildung von Eisen(II)silikat, Vivianit [Eisen(II)phosphat] und Eisen(II)sulfid hinweisen.

Die Gleyböden in Ortwig haben größtenteils folgenden Profilaufbau:

A_p-Horizont (Krume)	0,0 – 0,2 m	brauner, graugetönter, humoser, feinsandiger, schwach mittelsandiger, stark toniger Schluff (feinpolyedrisch)
G_0-Horizont (Oxydations- und Reduktionzone)	0,2 –0,35 m	bräunlichgetönter, grauer rostbraungefleckter, stellenweise bläulichgetönter, mit Eisenkonkretionen (bis 0,5 cm ∅) durchsetzter, feinsandiger, sehr stark schluffiger Ton (feinpolyedrisch, schwach durchwurzelt)
G_{or}-Horizont (Übergangszone zum Grundwasser)	0,35–0,8 m	graublauer, schwach rostbraungefleckter, mit Eisenkonkretionen durchsetzter, sehr stark schluffiger Ton (feinpolyedrisch, sehr schwach durchwurzelt)
G_r-Horizont (Grundwasserzone)	0,8 –1,0 m	graublauer und mittelgraugefleckter, schluffiger Ton (speckig, plastisch)

In diesem Profil zeichnet sich eindeutig die Oxydationszone ab (0,2—0,8 m). Die Strukturen des Bodens in den einzelnen Horizonten sind schlecht und deuten auf ungünstige Lebensbedingungen für die Bodenbakterien hin. Beim Anstieg des Grundwassers bis in die obere Bodenschicht wird das Bakterienleben durch den Entzug von Ca-Ionen und Sauerstoffmangel besonders stark gestört. Die Humusentwicklung wird dadurch ungünstig beeinflußt, und dem Oberboden werden Nährstoffe entzogen.

Außer Gleyböden sind in den etwas höheren Lagen (mit niedrigerem Grundwasser) der Bodenform I Übergangstypen vorhanden. Diese lassen in den oberen Schichten eine Verbraunung (Braune Auböden — nach KUBIENA — s. Bodenform II) und in den unteren Schichten die Entwicklungserscheinungen der Gleyböden erkennen (nach MÜCKENHAUSEN Halbgley oder Semigley genannt).

Bodenform II — Überwiegend mittelschwere Böden mit mittlerem Grundwasserstand im ebenen bis fast ebenen Gelände

Die mittelschweren Böden (253,60 ha) treten hauptsächlich im Nord-, Süd- und Ostteil der Gemarkung auf. Sie bestehen aus Lehm (L), sandigem Lehm (sL) und stark sandigem Lehm (SL). Dazwischen kommen noch Partien mit leichten und schweren Bodenarten vor.

Die mittelschweren Bruchböden verfügen über einen günstigen Gehalt an Feinboden. Sie sind ausreichend sorptionskräftig und können bei ordnungsgemäßer Bewirtschaftung Höchsterträge im Zuckerrüben-, Weizen- und Gemüseanbau bringen. An Zugkräften sind sie weniger anspruchsvoll als die schweren Böden. Ihre Unkrautwüchsigkeit ist verhältnismäßig stark.

Mit einem ausreichenden Humus- und Kalkgehalt kann die Verschlämmungsgefahr, die sich bei hohen Niederschlägen auch auf mittelschweren Bruchböden mit kaum nennenswertem Grobsandanteil auswirkt, weitgehend beseitigt werden.

Die Korngrößenbestimmung ergab folgende Werte:

28—55%	abschlämmbare Bestandteile
44—71%	Mittel- und Grobschluff, Fein- und Mittelsand
1%	Grobsand

Der Grundwasserstand liegt durchschnittlich bei 1,5—2 m Tiefe und ist als günstig zu bezeichnen.

Die mittelschweren Böden der Bodenform II haben sich unter diesen Grundwasserverhältnissen zu Braunen Auböden entwickelt. Nach LAATSCH waren derartige Böden vor der Inkulturnahme meist mit produktionsstarken Auewäldern bewachsen. Der Mensch beseitigte die Wälder und legte Fettweiden und Wiesen an. Heute stehen diese milden, sorptionskräftigen Böden unter ackerbaulicher Nutzung.

Das Ausgangsmaterial der Braunen Auböden der Bodenform II besteht überwiegend aus umgelagerten, bereits bis zu einem gewissen Grade verbraunten, sandigen, mehr oder weniger tonigen Lehmen, die von Natur aus über einen günstigen Nährstoffhaushalt verfügen.

Nach der Eindeichung konnte die Verbraunung (Oxydation des II-wertigen Eisens) in den oberen und unteren Bodenschichten fast ungehindert fortschreiten.

Folgendes Profil ist für die Braunen Auböden in Ortwig typisch:

A_p-Horizont (Krume)	0,0—0,2 m	graubrauner, humoser, sehr stark fein- und mittelsandiger toniger Schluff (krümelig)
A-(B)-Horizont (Übergangszone)	0,2—0,4 m	graubrauner, schwach humoser, sehr stark mittel- und feinsandiger, toniger Schluff (polyedrisch-plattig, in sich feinpolyedrisch, rauhe Bruchflächen, starke Regenwurmtätigkeit, stark durchwurzelt)
(B)-Horizont (Verwitterungszone)	0,4—0,6 m	dunkelgraubrauner, stellenweise sehr schwach humoser, fein- und mittelsandiger, toniger Schluff (polyedrisch-bröcklig, rauhe Bruchfläche, durchwurzelt, Regenwurmtätigkeit)
(B)-C-Horizont (Übergangszone)	0,6—0,8 m	dunkelgrauer, stellenweise bräunlich-getönter, fein- und mittelsandiger, toniger Schluff (plattig-prismatisch, sehr schwach durchwurzelt, schwache Regenwurmtätigkeit)
C-Horizont (Ausgangsmaterial)	0,8—1,2 m	grauer, bräunlichgetönter, fein- und mittelsandiger, stark toniger Schluff (plastisch)

Die Struktur des Materials gestattet eine gute Durchlüftung, die eine ständige Verwitterung und ein reges Bodenleben ermöglicht. Durch die Verwitterung werden laufend Nährstoffe nachgeliefert. Die Tätigkeit der zahlreichen Regenwürmer bewirkt eine Humusdurchmischung auch tieferer Bodenschichten. Damit ist eine verhältnismäßig starke Wurzelentwicklung nach der Tiefe hin und eine bessere Ausnutzung der Nährstoffe des Unterbodens gewährleistet.

Die Entwicklung der Braunen Auböden läßt sie als Böden hoher Leistungsfähigkeit erkennen, die bei üblicher Bewirtschaftung keiner besonderen Meliorationen bedürfen. In kleinflächigen tieferen Lagen der Bodenform II, in denen das Grundwasser höher als 1,5 m steht, sind in den unteren Bodenschichten Gleyhorizonte sichtbar (Halbgleye).

Bodenform III — Mittelschwere und leichte Böden mit unterschiedlichen Grundwasserverhältnissen im ebenen bis fast ebenen Gelände

Die Bodenform III (insgesamt 243,90 ha) kommt in allen Gemarkungsteilen vor.

Charakteristisch für diese Bodenform ist, daß sorptionskräftige mittelschwere Böden mit leichten sorptionsschwächeren und -schwachen lehmigen Sanden (lS), anlehmigen Sanden und Sanden (Sl und S) in mehr oder weniger großen Partien ständig wechseln. Die Beschreibung der mittelschweren Böden erfolgte bereits unter der Bodenform II.

Die leichten Böden bestehen überwiegend aus feinkörnigen Sanden mit geringen Schluff- und Tonanteilen. Daneben treten noch verhältnismäßig kleine Partien auf, deren Böden sich aus Mittel- und Feinsanden mit einem niedrigen Grobsandanteil entwickelt haben. Sie verfügen über einen nur geringen kapillaren Wasseranstieg und begünstigen eine starke Durchlüftung, die am Ende rasch zu Austrocknungen und zur Humusverschwendung führt (Brandstellen, im Oderbruch auch Schrinnstellen genannt).

Die Äcker der Bodenform III sind weniger unkrautwüchsig und verhältnismäßig leicht bearbeitbar.

Korngrößenanalysen:

Mittlere Böden siehe Bodenform II
Leichte Böden siehe Bodenform IV

Die Grundwasserverhältnisse sind je nach Geländehöhe sehr unterschiedlich. In den niederen Lagen bewegt sich der Grundwasserstand bei 1,5 m und in den höheren Lagen bei etwa 3,0 m Tiefe.

Die bodentypologische Entwicklung der mittelschweren und leichten Böden der Bodenform III ist den Grundwasserverhältnissen entsprechend überwiegend nach den Braunen Auböden hin erfolgt. Im Untergrund sind häufig, wie in der Bodenform II, alte Gleyhorizonte vorhanden.

Bodenform IV — Überwiegend leichte Böden mit größtenteils niedrigem Grundwasserstand im ebenen bis fast ebenen Gelände

Diese Bodenform (Gesamtfläche 89,30 ha) tritt hauptsächlich im Südost- und zum Teil im Nordostteil der Gemarkung auf.

Sand- (S) und anlehmige Sandböden (Sl) sind typisch. Sie sind aus fein- und mittelkörnigem Material mit geringen Schluff- und Tonbestandteilen hervorgegangen. Stellenweise nehmen die abschlämmbaren Bestandteile zu und verleihen den Sanden einen lehmigen Charakter (lehmiger Sand und stark lehmiger Sand, lS und SL). Diese Partien beeinflussen den allgemeinen Wert der Bodenform IV günstig.

Je höher der Anteil an abschlämmbaren Massen ist, desto besser sind die Wasserführung und der Nährstoffhaushalt, die durch eine sachgemäße Humuswirtschaft bei den entsprechenden Reaktionsverhältnissen noch gefördert werden können.

Die Böden der Bodenform IV sind leicht zu bearbeiten. Ihre Unkrautwüchsigkeit ist bei ordentlicher Bewirtschaftung gering.

Die Korngrößenanalysen der leichten Böden ergaben:

7—18% abschlämmbare Bestandteile
79—90% Mittel- und Grobschluff, Fein- und Mittelsand
1— 3% Grobsand

Der Grundwasserstand ist relativ niedrig, er liegt tiefer als 2,5 m unter der Geländeoberfläche.

Die Sande, anlehmigen und lehmigen Sande der Bodenform IV sind meist bis in den Unterboden hinein mehr oder weniger stark verbraunt. Diese Erscheinung deutet, typologisch gesehen, auf Entwicklungstendenzen der Braunen Auböden hin. In etwa 0,8—1,0 m Tiefe ist auch hier ein alter Gleyhorizont zu erkennen.

6. Die Reaktionsverhältnisse und der Nährstoffzustand der Böden

a) Die obligatorische Untersuchung des „Instituts für Landwirtschaftliches Versuchs- und Untersuchungswesen" vom 14. 6. 1960 wies nach, daß etwa 67% der Böden (hauptsächlich Bodenformen I und IV) stark sauer (unter p_H 4,5), 26% sauer bis schwach sauer (p_H 4,6 bis 6,4) und 7% neutral bis alkalisch (p_H 6,5 und höher) sind. Daraus geht hervor, daß der Kalkdüngung in den letzten Jahren nicht die gebührende Beachtung geschenkt wurde.

In Ortwig macht sich der Kalkmangel bereits bemerkbar, und zwar in der zunehmenden Verschlechterung der Bodenstruktur und Humusentwicklung, der mäßigen Wurzelentwicklung der Kulturpflanzen, dem verstärkten Auftreten von Unkrautpflanzen, die eine schwach saure bis saure Reaktion lieben (hauptsächlich Wildhafer, der bereits so überhand genommen hat, daß er die totale Vernichtung von Winterweizen- und jungen Zuckerrübenbeständen u. a. herbeiführt) und schließlich in dem Rückgang der Erträge.

Wegen des erhöhten Anbaus (ca. 60% der Ackerfläche) von kalkliebenden Pflanzen, wie viele Gemüsearten, Zuckerrüben, Winter- und Sommergerste, Weizen, Körnerleguminosen, Rotklee und Luzerne, ist es ratsam, die Versäumnisse betreffs einer gut abgestimmten Kalkdüngung bald nachzuholen. Dabei sind in erster Linie die Böden zu berücksichtigen, die am schlechtesten mit Kalk versorgt sind und auf denen kalkliebende Pflanzen angebaut werden sollen. Später sind dann alle anderen Flächen bis p_H 6 und höher aufzukalken (außer den sandigen, bei denen der Kalkbedarf gedeckt ist, wenn die p_H-Werte um 5,5—6,0 liegen). Erst danach sollte man an eine sogenannte „Erhaltungskalkung" denken.

Die Höhe der Kalkgaben richtet sich aber nicht nach den p_H-Werten, sondern nach der Sorptionsfähigkeit der Böden. Dementsprechend ist für die Aufkalkung eines tonigen Bodens von p_H 4,5 auf p_H 6,0 eine höhere Kalkmenge als bei einem sandigen Boden mit den gleichen p_H-Werten notwendig. Die erforderlichen Kalkmengen wurden durch Titration ermittelt und in die Nährstoffkarte, die bereits in der LPG vorliegt, eingetragen.

Bindige Böden sollten mit Branntkalk und sandige Böden wegen seiner langsamen und nachhaltigen Wirkung mit kohlensaurem Kalk abgedüngt werden. Dabei sind die prozentualen Gehalte an CaO der im Handel erhältlichen Kalksorten unbedingt zu berücksichtigen. Auf eine optimale Verteilung des Kalkes im Boden ist besonders zu achten.

b) Der Gehalt der Böden an wurzellöslicher Phosphorsäure ist relativ günstig (hauptsächlich Bodenformen II u. III). Die Untersuchungsergebnisse weisen bei 38% der Ackerfläche eine gute Versorgung mit P_2O_5 nach. 42% der Ackerfläche sind mäßig und 20% schlecht versorgt.

Bei den schlecht mit Phosphorsäure versorgten Böden in Ortwig (178 ha) liegt der Gehalt an pflanzenaufnehmbarer Phosphorsäure bei etwa 5 mg/100 g Boden und darunter. Mäßig mit pflanzenaufnehmbarer Phosphorsäure versorgte mittelschwere Böden sollen etwa 9 mg/100 g Boden enthalten. Theoretisch müßten demnach bei einem Krumengewicht von ca. 3 Mill. kg/ha dem Boden etwa 150 kg/ha P_2O_5 durch Mineraldüngung zugeführt werden, das wären 7,5 dz/ha eines 18%igen Phosphorsäuredüngers. In der Praxis ist das aber nur in Teilgaben — auf mehrere Jahre verteilt — bei günstigen Reaktionsverhältnissen möglich; denn überschüssige Phosphorsäure (die von den Pflanzen nicht aufgenommen wird) geht bei Kalkarmut in kaum lösliche Aluminium- und Eisenphosphate über. In genügend kalkhaltigen Böden bilden sich schwer lösliche Calciumphosphate (Di- und Tricalciumphosphat). Die festgelegte Phosphorsäure ist zwar schwer oder überhaupt nicht pflanzenaufnehmbar, aber auch sehr unbeweglich, so daß eine Auswaschung nicht stattfindet. Untersuchungen haben ergeben, daß die Böden der LPG über einen verhältnismäßig hohen Gehalt an Gesamtphosphorsäure verfügen. Durch den Anbau von Pflanzen, die ein hohes Aufschließungsvermögen gegenüber Phosphorsäure haben, und durch ackerbauliche Maßnahmen, die die Garebildung fördern, ist es möglich, einen Teil der festgelegten Phosphorsäure zu aktivieren und pflanzenaufnehmbar zu machen. Daneben ist eine auf die Pflanzenansprüche und Bodenverhältnisse gut abgestimmte Phosphorsäuredüngung durchzuführen. Die einzelnen Gaben sind bei Hackfrüchten (Stallmistgabe) auf nicht über 4—5 dz/ha eines 18%igen Phosphorsäuredüngers und bei Getreide und Leguminosen auf nicht über 3—4 dz/ha zu berechnen. Bei Mangel an Phosphordünger sind die Hackfrüchte und Futterpflanzen zu bevorzugen. Sie enthalten dann eine Gabe von etwa 3—4 dz/ha. Bei Getreide und Leguminosen ist die Menge entsprechend niedriger (ca. 2—3 dz/ha).

Die Phosphorsäuredünger gelten als Grunddünger. Der Zeitpunkt der Gabe ist deshalb nicht wie beim Stickstoff von dem Entwicklungsstand der Pflanzen abhängig. Sie sind etwa drei Wochen vor der Aussaat der Pflanzen anzuwenden (möglichst gleichmäßige Verteilung im Boden). Superphosphat bildet hierbei eine Ausnahme, es kann kurz vor der Aussaat oder auch als Kopfdünger gestreut werden. Für leichte, schwach saure Böden sollten stark kalkhaltige Phosphorsäuredünger Verwendung finden, z. B. Thomasphosphat.

c) Zur Versorgung der Böden mit Kali ist zu sagen, daß auf etwa 63% der LPG-Flächen (hauptsächlich Bodenformen I, III und IV) Mangel vorliegt; 30% sind mäßig und 7% gut versorgt.

Im Hinblick auf die Verbesserung des Kaligehaltes wird vorgeschlagen, daß die schlecht mit Kali versorgten Böden (554,5 ha) so abzudüngen sind, daß sie vorerst eine mäßige Versorgung aufweisen. Dazu wären theoretisch noch 10 mg K_2O je 100 g Boden erforderlich. Je ha sind das 300 kg K_2O. Demnach müßten von einem 40%igen Kalidüngemittel 7,5 dz/ha gestreut werden. In der Praxis ist es aber nicht möglich, hauptsächlich wegen übermäßiger Salzkonzentration und der Auswaschungsgefahr, derart hohe Gaben zu reichen. Es wird empfohlen, den K_2O-Gehalt der Böden im Laufe mehrerer Jahre aufzubessern, wobei auch hier die Ansprüche der Pflanzen unbedingt zu berücksichtigen sind.

Beim Anbau der kaliliebenden Hackfrüchte, Kohlgemüsearten und Futterpflanzen können die Gaben 4—5 dz/ha und bei den kaliliebenden Getreidearten, Weizen und Gerste, 3—4 dz/ha betragen.

Zeitpunkt und Form der Kalidüngung ergeben sich aus der Wirkung dieser Dünger auf Pflanze und Boden. Besondere Beachtung gilt hierbei den Nebenbestandteilen der Kalidünger. Die chlor- und natriumhaltigen Kalisalze sollten nicht für die chlorempfindlichen Kartoffeln und Feingemüsearten, sondern eher für Zuckerrüben, Getreide- und Feldfutterpflanzen verwendet werden.

Natrium wirkt zerstörend auf die Krümelstruktur der schweren Böden, auf leichten Böden fördert es wiederum den Wasserhaushalt durch seine peptisierende Wirkung. Auf magnesiumarmen Böden sind magnesiumhaltige Kalidünger zu reichen, konzentrierte Kalidünger sollten dagegen auf schweren Böden Verwendung finden.

Je früher der Kalidünger in den Boden gebracht wird, um so eher können auch zu chlorempfindlichen Pflanzen die Rohsalze mit höherem Chlorgehalt gedüngt werden. Der Streutermin ist weit vor dem Aussaattermin zu wählen, da sonst wegen zu hoher Salzkonzentration Keimschäden auftreten. Kalidünger sind deshalb Grunddünger und zu Herbst- und Frühjahrsaussaaten 2—4 Wochen vor der Saat in den Boden einzuarbeiten.

Da unserer Landwirtschaft genügend Kalidüngemittel zur Verfügung stehen, kann jeder Boden in den gewünschten Kalizustand gebracht werden.

Abschließend wird darauf hingewiesen, daß eine ordnungsgemäße Mineraldüngung nicht nur zur Anreicherung der Böden mit Nährstoffen und zur Verbesserung der Bodenstruktur führt, sondern auch ein nicht zu unterschätzendes Mittel gegen Unkrautwüchsigkeit, Schädlinge und Pflanzenkrankheiten ist.

7. Hinweise zur Verbesserung der Böden

Meliorationsbedürftigkeit besteht hauptsächlich bei den Gleyböden (Bodenform I). Dabei ist als erstes die Regulierung des Grundwassers anzustreben. Die geringe Vorflut und die Trägheit der Tonböden im Hinblick auf die Wasserführung schließen eine Absenkung des Grundwassers durch Dränage aus. Dagegen könnten erfahrungsgemäß sinnvoll angelegte flache Gräben zu Erfolgen führen. Vor allem wäre es damit möglich, örtliche Niederschläge, die in den obersten Schichten gestaut werden, schneller abzuführen. Neben dem Grabensystem sind das Anlegen von Beetkulturen und der Anbau von Pflanzen mit kräftigen Pfahlwurzeln, die in den dichten Unterboden einzudringen vermögen und ihn dadurch z. T. aufschließen, erfolgversprechend.

Nach der Regulierung des Grundwassers sollten die Böden reichlich mit Kalk und Humus versorgt werden. Die der Krume folgende Bodenschicht wird aufgelockert (mechanisch und durch Pflanzen), der Boden verliert seine kalte, dichte Beschaffenheit, und eine allmähliche Krumenvertiefung ist nunmehr möglich.

Die Krumenvertiefung darf auf keinen Fall ausbleiben, da sich sonst in zu nassen Jahren der Feldbestellung Schwierigkeiten entgegenstellen. Der untergepflügte Stalldung vertorft, und die Hackfrüchte (hauptsächlich Kartoffeln) neigen zum Verfaulen.

Für die Böden der Bodenformen II, III und IV sind im allgemeinen keine besonderen Meliorationsmaßnahmen notwendig. Eine ihren natürlichen Ertragsbedingungen angepaßte Bewirtschaftung reicht aus, um gute Ernten zu erzielen.

8. Schlußfolgerungen

In der LPG in Ortwig hat es sich bereits erwiesen, daß Bodenformenkarten mit Erläuterungen oder ähnliche Kartenwerke als Grundlage zur Bewirtschaftung von landwirtschaftlichen Genossenschaftsflächen Verwendung finden sollten.

Mit der Kartierung der Bodenformen ist die notwendige Bestandsaufnahme der zu bewirtschaftenden Böden erfolgt. Damit ist es möglich, eine zweckmäßige Schlageinteilung vorzunehmen und die anzubauenden Kulturen auf den ihren Erfordernissen entsprechenden Standort zu stellen und in gute Fruchtfolgen einzureihen. Auf diese Weise werden alle Maßnahmen, die zum Gedeihen und zur Bergung der Pflanzen erforderlich sind, den geringsten Aufwand an menschlicher Arbeitskraft und Maschinen erfordern.

Die Bodenformenkarte und der Fruchtfolgeplan gestatten die Ausarbeitung von Düngeplänen, die eine nutzlose Vergeudung wertvoller Düngemittel ausschalten.

Weiterhin ist die Bodenformenkarte als Planungsunterlage für Projekte der Landeskultur, Landschaftsgestaltung, Wasserwirtschaft, Dorf- und Städteplanung u. a. geeignet. Mit den Mitarbeitern der entsprechenden Institutionen sollte darüber beraten werden, wie der Inhalt der Bodenformenkarte noch zu erweitern ist, um ein Kartenwerk zu schaffen, das bei vielen Aufgaben, deren Lösung zur Festigung der Landwirtschaftlichen Produktionsgenossenschaften notwendig ist, ein brauchbares Hilfsmittel sein kann.

Es wird vorgeschlagen, zu untersuchen, ob die Durchführung einer derartigen Kartierung auf breiterer Ebene zweckmäßig ist.

Zusammenfassung

Als Grundlage für die Bewirtschaftung der LPG ,,Deutsch-Polnische Freundschaft" in Ortwig sind die natürlichen Ertragsbedingungen der Ackerfläche zum Begriff ,,Bodenform" zusammengefaßt, kartenmäßig dargestellt und erläutert worden. Die angefertigte Bodenformenkarte (s. Abb.) umfaßt vier Bodenformen, die ihren Verhältnissen entsprechend unterschiedliche Produktionsleistungen aufweisen.

Für eine künftig ordnungsgemäß durchzuführende Mineraldüngung wurde die obligatorische Nährstoffuntersuchung des ,,Instituts für Landwirtschaftliches Versuchs- und Untersuchungswesen" ausgewertet. Die Ergebnisse der Untersuchungen weisen hauptsächlich bei den Böden der Bodenformen I und IV Kalkmangel, bei denen der Bodenformen III und IV Mangel an pflanzenaufnehmbarer Phosphorsäure und bei denen der Bodenformen I, III und IV Kalimangel nach.

Unter Berücksichtigung der Faktoren, aus denen sich eine Bodenform aufbaut, wurden Vorschläge zur Verbesserung der Grundwasserverhältnisse der Gleyböden der Bodenform I gemacht.

Резюме

Природные условия урожая полей были объединены в понятие ,,Почвенный вид", а дальше изображены на карте с объяснениями. Они служат основой для ведения сельскохозяйственного производственного кооператива им. ,,Немецко-польская дружба" в селе Ортвиг. Составленная карта почвенных видов охватывает четыре почвенных вида, показывающих, в зависимости от условий, различную производительность.

С точки зрения минерального удобрения оценивалось обязательное исследование питательных веществ, проведенное ,,Опытно-исследовательским сельскохозяйственным институтом". Результаты исследований доказали следующее: у почв видов I и IV наблюдается недостаток в извести, у почв видов III и IV существует недостаток в воспринимаемой растениями фосфорной кислоте, а у почв видов I, III и IV наблюдается недостаток в калийных солях. С учетом факторов, слагающих почвенный вид, делались предложения для улучшения режима грунтовых вод глеев почвенного вида I.

Summary

The natural conditions of produce of the tilled land have been included in the term ,,soil form" interpreted and represented on maps as a base of management for the agricultural co-operative association ,,German–Polish Friendship" at Ortwig. Four soil forms showing different yields in conformity with their specific conditions are contained in the map made of these forms (cf. annex).

The compulsory analysis of nutrients carried out by the ,,Agricultural Testing and Research Institute" was utilized for an orderly application of mineral fertilizers to be carried out in future. The results obtained show that there is mainly a shortage of lime in soils of the forms I and IV, of plant absorbable phosphoric acid in the soil forms III and IV, and of potash in the forms I, III and IV. Considering the factors on which a soil form is based, suggestions are made to improve ground water conditions of gley soils of the form I.

Literatur

Autorenkollektiv: Lehrbuch des Acker- und Pflanzenbaues, Bd. I. — Deutscher Bauernverlag, Berlin 1956.

KUBIENA, W. L.: Bestimmungsbuch und Systematik der Böden Europas. — Enke Verlag, Stuttgart 1953.

LAATSCH, W.: Dynamik der mitteleuropäischen Mineralböden. — Verlag Theodor Steinkopff, Dresden und Leipzig 1957.

MÜCKENHAUSEN, E.: Die wichtigsten Böden der Bundesrepublik Deutschland. — Verlag Kommentator GmbH., Frankfurt/Main, 1959.

SELKE, W.: Die Düngung. — Deutscher Bauernverlag, Berlin 1955.

Bodenkarte der Bezirke Potsdam und Frankfurt. — VEB Bibliograph. Inst. Leipzig, 1956, Bodenkunde u. Bodenkultur, 5 (1956).

Genesis der Mineralwässer und ihre Auswertung für die Prospektion auf Erdöl und Erdgas

(am Beispiel der Untersuchung des karpatischen Flysches in der Ostslowakei)

Teil II

M. MICHALIČEK & R. KVĚT, Brno

Geochemie der Bildung der Mineralwässer in der Ostslowakei

1. Bildung der Natriumbikarbonatwässer

Die Mineralisation des wichtigsten Vertreters dieses Typs, das Wasser von Smilno (aus der Bohrung Zborov-II-Otto) erreicht 12,1 g/l. Die primäre Salinität wird lediglich durch Natriumchlorid gebildet, das die größte Komponente des Wassers darstellt ($S_1 = 72{,}4\%$). Die primäre Alkalinität, d. h. der Gehalt an Natriumbikarbonat und Kaliumbikarbonat, erreicht 28,6%; der Gehalt an Kalziumbikarbonat und Magnesiumbikarbonat kann jedoch vernachlässigt werden ($A_2 = 0{,}8\%$). Die Verhältnisse der charakteristischen Komponenten sind:

$$K\frac{Na}{K} = 244{,}2 \text{ und } K\frac{Cl}{Br} = 269{,}2$$

Obwohl das Wasser durch Oberflächenwasser (Regenwasser) beträchtlich verdünnt (herabgesetzte Mineralisation) und durch Ionenaustauschvorgänge umgewandelt wurde (erhöhte 1. Alkalinität), entspricht seine Zusammensetzung vor allem der des ursprünglichen Flyschmeeres.

Im Hinblick auf seinen Charakter und den Methangehalt kann dieses Wasser als Erdölwasser bezeichnet werden.

a) Säuerlinge. Einigen Wässern der Natriumbikarbonat-Gruppe blieb mehr oder weniger auch die Zusammensetzung des ursprünglichen Meereswassers oder brackischen Wassers erhalten, z. B. Wässer von Bad Cigelka (Quelle Stefan), Bad Bardejov (Bardejovské kúpele), Quellen in Mikulášová und Dubová.

Sekundäres Kohlendioxyd sowie zutretendes vadoses Wasser wandeln diese Wässer um und verstärken ihren natriumbikarbonatischen Charakter auf Kosten der primären Salinität, haben also eine herabgesetzte Mineralisation und ein Ansteigen der sekundären Alkalinität zur Folge. Der Gehalt dieser Wässer an Natriumchlorid (1. Salinität) ist bedeutend.

Ein Vergleich der PALMERschen Indizes des Wassers von Smilno z. B. mit den Wässern von Bad Cigelka (Quelle Stefan) und mit den Quellen von Mikulášová und Dubová gibt Hinweise auf die Metamorphose des Wassers durch sekundäres Kohlendioxyd (vgl. Tab. 1). Bei diesen Quellen (mit Ausnahme von Mikulášová) ist die Verdünnung durch vadoses Wasser verhältnismäßig gering, obwohl sie die unterschiedliche Mineralisation der einzelnen Wässer verursacht hat. Die Quellen von Hraničné und Pčoliné unterscheiden sich durch ihre Entstehung von den geschilderten natriumbikarbonatischen salzhaltigen Säuerlingen. Da diese Wässer kein Natriumchlorid enthalten, ist anzunehmen, daß sie nicht marinen Ursprungs sind, sondern aus vadosen Wässern bei Einwirkung von Kohlendioxyd durch Kontakt mit marinen Flyschsedimenten, die einen höheren Gehalt an durch Sorption gebundenen Natrium- und Kaliumionen aufwiesen, entstanden.

b) Schwefelwasserstoff-Methanwässer. Die Entstehung der schwefelwasserstoff-methanhaltigen Natriumbikarbonatwässer gleicht der Bildung der natriumbikarbonatischen Säuerlinge ohne Salzkomponente. Es fehlt jedoch der Einfluß des Kohlendioxyds bei der Verstärkung des Natriumbikarbonat-Charakters (A_1). Das Fehlen des Kohlendioxyds bedingt auch die verhältnismäßig niedrige Mineralisation, da Auslaugung und Austauschreaktionen ohne die aggressive Wirkung des Kohlendioxyds auf die Gesteinskomponenten stark herabgesetzt sind. Die genannten Wässer entstehen ja durch Auslaugung und Austausch aus den vadosen Wässern bei Kontakt mit marinen Sedimenten, die durch Sorption gebundene Natrium- und Kaliumionen enthalten.

Die Bildung der Natriumbikarbonatwässer, bei der Ionenaustausch- und Lösungsprozesse im System Wasser—Gestein die wichtigsten Vorgänge sind, kann auf zwei Arten erfolgen. Im ersten Fall entstehen zunächst durch die lösende Wirkung der vadosen Wässer auf die in den Sedimenten anwesenden Kalksteine und Gipse Kalziumbikarbonat- und Kalziumsulfatwässer, die sich in den marinen Sedimenten sekundär in Natriumbikarbonat- und Natriumsulfatwässer umwandeln.

Die Metamorphose verläuft nach der Gleichung:

$$1)\ \underset{\odot}{Ca\,(HCO_3)_2} + 2\,Na^{\cdot}\text{-Gesteinskomplex} \rightarrow \underset{\odot}{2\,NaHCO_3} + Ca^{\cdot\cdot}\text{-Gesteinskomplex}$$

$$2)\ \underset{\odot}{CaSO_4} + 2Na^{\cdot}\text{-Gesteinskomplex} \rightarrow \underset{\odot}{Na_2SO_4} + Ca^{\cdot\cdot}\text{-Gesteinskomplex}$$

Bei der zweiten, wenn auch unwahrscheinlicheren Bildungsweise, entsteht durch Oxydation der Pyrite zunächst Schwefelsäure. Bei Einwirkung auf Natriumionen enthaltende Gesteine — bei Abwesenheit von Karbonaten, denn sonst müßte Kohlendioxyd freiwerden, das jedoch in diesen Wässern fehlt — entsteht dann Natriumsulfat.

Tab. 1. Charakteristik des Wassers von Smilno und einiger natriumbikarbonatischer Säuerlinge

	Smilno	Cigelka	Dubová	Mikulášová
Kohlendioxyd	0	1197	854	893
Primäre Salinität	72,4	26,8	36,0	46,0
Sekundäre Salinität	0	0	0	0
Primäre Alkalinität	26,8	66,6	56,8	36,8
Sekundäre Alkalinität	0,8	6,6	7,2	17,2
Mineralisation g/l	12,1	18,6	6,3	5,5
K^{Na}_{K}	244,4	66,1	119,9	95,6
K^{Cl}_{Br}	269,2	130,4	94,4	95,5

Tab. 2. Bildung der Natriumwässer

	sorbierte Kationen	Kationen des Eluats
Kalzium	29,5 mval/100 g	1,4 mval/l
Magnesium	4,4 „	0,7 „
Natrium	21,4 „	14,6 „
Kalium	3,9 „	0,2 „

Bei der Ablagerung von marinen und brackischen Sedimenten bildet sich ein Gleichgewicht zwischen den durch Sorption an den Gesteinskomplex gebundenen Ionen und den in Lösung bleibenden Ionen heraus. Die Ionenaustauschvorgänge spiegeln daher die chemische Zusammensetzung des Wassers wider, in dem sie entstanden. Der Charakter der Ionenaustauschkomplexe wird durch den Gehalt an sorbierten Kationen ausgedrückt. Die Austauschkomplexe der Sedimente werden beim Kontakt mit Meerwasser mit Natrium angereichert; die Sättigung verläuft nach den das Gleichgewicht der Ionenaustauschvorgänge bestimmenden Gesetzen. Das in den Gesteinen auftretende Poren- und Kapillarwasser ist im Grunde genommen Wasser des ursprünglichen Sedimentationsmilieus.

Süßwassersedimente und terrigene Sedimente (alluviale u. ä.) haben jedoch Kalzium- oder Magnesiumcharakter und bilden zum größten Teil Deckschichten der marinen und brackischen Sedimente. Bei der Infiltration von Oberflächen-(Regen-)Wasser kommt dieses zum erstenmal hauptsächlich mit den erwähnten Sedimenten in Berührung, und durch Auslaugung — Störung des Ionengleichgewichts — entstehen dann Wässer des kalziumsilikatischen, kalziumbikarbonatischen und kalziumsulfatischen Typs.

Tab. 3. Einfluß des Kohlendioxyds bei der Bildung der Natriumwässer

	Kationen des Eluats der Kohlensäure
Kalzium	3,5 mval/l
Magnesium	2,0 „
Natrium	17,8 „
Kalium	0,2 „

Wenn diese Wässer mit brackischen und marinen Sedimenten zusammentreffen, so wandeln sich durch Ionenaustausch (Störung des Ionengleichgewichtes, verschiedene Sorptionskraft der Kationen im System Gestein—Wasser) die kalziumbikarbonatischen Wässer in Wässer vom Natriumtyp und gemischten Natrium-Kalzium-Typ um.

Kommt das Oberflächenwasser mit den marinen und brackischen Sedimenten direkt in Berührung, so entstehen durch Auslaugung Natriumwässer, wie auch experimentell bewiesen werden konnte.

Als Versuchsmaterial diente ein Bohrkern der Bohrung „Nesvačilka“, Flyschgestein aus 188—196 m Tiefe. Die beim Kontakt von 100 g zermahlenem Gestein (Korngröße 0,09 mm) mit 1000 ml destilliertem Wasser erhaltene Lösung zeigte ausgesprochenen Natriumcharakter (Tab. 2).

Beim Einwirken von freiem Kohlendioxyd gehen zahlreiche Kationen in Lösung. Der Gehalt des im Wasser, das zur Elution einer weiteren Gesteinsprobe verwendet wurde, anwesenden freien CO_3'' betrug 11,7 mval/l (Tab. 3).

Die Umwandlung der ursprünglichen Kalziumbikarbonatwässer in natriumbikarbonatische konnte ebenfalls durch einen Versuch bewiesen werden (Tab. 4).

Hierfür wurde ein brackisches Sediment, das sorbiertes Na = 10,0, Ca = 5,6, Mg = 3,07, K = 0,67 mval/100 g, gelöstes Natriumchlorid = 1,06 mval/100 g und Karbonate CO_3'' = 286 mval/100 g = 8,6% enthielt, verwendet.

Nachdem 300 ml dieser künstlich hergestellten Kalziumbikarbonat- und Kohlensäurelösungen (die Konzentrationen sind in den Tab. angegeben) 100 g des Sedimentes durchströmt hatten, wurden sie analysiert. Tab. 4 und 5 zeigen die Analysenwerte der charakteristischen Extrakte. Die Kalziumbikarbonatlösung verwandelte sich in ein Eluat, das als Natriumbikarbonatwasser mit Natriumsulfatcharakter bezeichnet werden kann.

Die Metamorphose ist also ein komplexer Prozeß, der die Auslaugung der löslichen Salze des Kalziumsulfats und Natriumchlorids sowie die chemische Freilegung der Natrium-, Kalium- und Magnesiumionen aus dem Gesteinskomplex durch die verdrängende Wirkung der Kalziumionen umfaßt (Tab. 5).

Die Ergebnisse des Versuches stimmen mit den obenangeführten Resultaten vollkommen überein. Die erhöhte Reaktionsintensität bei Einwirkung der Kohlensäure auf das Gestein zeigte sich bei diesem Versuch nur durch Ansteigen der primären Salinität, die sich z. B. im ersten Eluat von 23,0% im kalziumbikarbonatischen Wasser auf 30,4% im kohlendioxydhaltigen Wasser erhöhte.

2. Bildung der Kalziumbikarbonatwässer

a) Säuerlinge. Die Hauptvertreter dieses Wassertyps sind im Untersuchungsgebiet die stark kohlendioxydhaltigen kalziumbikarbonatischen Wässer. Aus der ganzen Gruppe haben diese Wässer den ausgeprägtesten Kalziumbikarbonat-Charakter.

Ihrem Ursprung nach sind es vadose Wässer, die sich unter Mitwirkung des sekundären Kohlendioxyds beim Hindurchströmen durch die karbonathaltigen Gesteine um die kalzium-magnesium-bikarbonatische Komponente A_2 anreichern, die auch einen bedeutenden Anteil an der Mineralisation dieser Wässer darstellt.

Diese Wässer werden beim Durchströmen der Gesteine in verschiedenem Maße umgewandelt. Die primäre Alkalinität bzw. die natriumchloridische Salinität entstehen beim Durchsickern durch marine oder brackische Ablagerungen; bei Anwesenheit von Gips in den Gesteinen wird auch natriumsulfatische oder kalziumsulfatische Salinität gebildet.

b) Schwefelwasserstoff-Methanwässer. Die Bildung dieser Wässer verläuft analog der der kalziumbikarbonatischen Säuerlinge. Es sind wiederum Wässer vadosen Ursprungs. Bei ihrer Entstehung ist aber nicht

Tab. 4. Beweis für die Umwandlung von Kalziumbikarbonatwasser in Natriumbikarbonatwasser

Zusammensetzung des Eluats	mval/100 g/300 ml							
Nr.	I.	II.	III.	IV.	V.	VI.	VII.	VIII.
$Na^{\cdot}$	5,67	3,00	1,54	0,82	0,37	0,17	0,08	0,04
$K^{\cdot}$	0,25	0,17	0,13	0,13	0,09	0,06	0,05	0,04
$Ca^{\cdot\cdot}$	1,39	1,87	2,57	2,94	2,78	3,00	3,37	3,57
$Mg^{\cdot\cdot}$	0,59	0,43	0,48	0,32	0,43	0,48	0,25	0,24
Cl'	0,75	0,33	0,25	0,09	0,08	0,06	0,06	0,05
SO_4''	1,36	0,30	0,34	0,16	0,13	0,04	0,04	0,04
HCO_3'	6,65	5,11	4,51	3,80	3,80	3,68	4,40	4,40
SiO_3''	0,23	0,29	0,24	0,22	0,16	0,12	–	–
S_1	23,4	10,0	9,6	7,0	2,4	2,8	2,4	2,0
S_2	0,0	0,0	0,0	0,0	0,0	0,0	0,0	0,0
A_1	51,6	48,2	24,4	15,0	11,2	3,4	0,6	0,0
A_2	25,0	41,8	66,0	78,0	86,4	93,8	97,0	98,0
p_H	7,7	7,3	6,6	7,3	6,8	6,8	6,7	6,9

Zusammensetzung der angewandten Lösungen:

I.–VI. Eluat: 3,77 mval Ca/300 ml → 75,5 mg Ca/300 ml → 305,4 mg $Ca(HCO_3)_2$/300 ml; 6,6 p_H

VII.–VIII. Eluat: 4,32 mval Ca/300 ml → 86,7 mg Ca/300 ml → 350,5 mg $Ca(HCO_3)_2$/300 ml; 5,7 p_H

Tab. 5. Einfluß des Kohlendioxyds auf die Umwandlung von Kalziumbikarbonatwasser in Natriumbikarbonatwasser

Zusammensetzung des Eluats					mval/100g/300 ml		
Nr.	I.	II.	III.	IV.	V.	VI.	VII.
$Na^{\cdot}$	5,48	3,20	0,82	0,38	0,20	0,091	0,050
$K^{\cdot}$	0,22	0,19	0,12	0,08	0,065	0,054	0,043
$Ca^{\cdot\cdot}$	1,23	1,77	2,30	2,30	1,82	2,78	3,10
$Mg^{\cdot\cdot}$	0,48	0,64	0,43	0,38	0,34	0,70	0,38
Cl'	1,17	0,43	0,12	0,18	0,11	0,152	0,11
So_4''	1,57	0,66	0,15	0,195	0,175	0,093	0,072
HCO_3'	6,24	5,11	3,51	3,03	2,32	3,74	3,57
SiO_3''	0,21	0,24	0,22	10,19	0,12	–	–
S_1	30,4	17,2	7,6	1,2	11,2	4,2	2,6
S_2	0,0	0,0	0,0	0,0	0,0	2,2	1,8
A_1	46,6	41,4	17,4	4,4	1,4	0,0	0,0
A_2	23,0	41,4	75,0	84,4	87,4	93,6	95,6
p_H	7,3	7,3	7,2	7,0	6,8	6,8	7,0

Zusammensetzung der angewandten Lösungen:
I. – V. Eluat: 136,0 mg H_2CO_3/300 ml – $p_H = 4,3$
VI. – VII. Eluat: 120,8 mg H_2CO_3/300 ml – $p_H = 4,5$

die aggressive Wirkung des Kohlendioxyds wichtig, was auch durch die niedrige Mineralisation zum Ausdruck kommt.

c) Kalzium-Magnesium-Sulfatwässer. Auch die Kalzium-Magnesium-Sulfatwässer sind vadosen Ursprungs. Ihre Kalziumsulfat-Komponente entsteht durch direkte Auslaugung des gipshaltigen Materials.

Die Magnesiumsulfat-Komponente entsteht dann infolge Umwandlung des primären Kalziumsulfatwassers beim Kontakt mit Gesteinen, die einen höheren Gehalt an Magnesium haben, z. B. Dolomit. Die Magnesiumionen der Gesteine werden gegen die Kalziumionen des Wassers ausgetauscht. Dieser Vorgang verläuft nach folgender Gleichung:

$$\underbrace{x\,CaCO_3 \cdot y\,MgCO_3}_{} + \underbrace{CaSO_4}_{\odot} =$$

$$\underbrace{(x+1)\,CaCO_3 \cdot (y-1)\,MgCO_3}_{} + \underbrace{MgSO_4}_{\odot}$$

Dolomit + Kalziumsulfatwasser = Dolomit mit höherem Gehalt an Kalziumkarbonat + Magnesiumsulfatwasser.

Das Vorkommen von Kalziumsulfat und Magnesiumsulfat nebeneinander in der Lösung wird durch die Löslichkeit der beiden Komponenten bestimmt.

Die Entstehung der Kalziumbikarbonatwässer wurde nicht durch Versuche belegt, da der vadose Ursprung dieser Wässer allgemein bekannt ist und die Bildung der einzelnen Typen oder charakteristischen Komponenten aus den Darlegungen hinreichend hervorgeht.

Geochemische Untersuchung der in den Mineralwässern des ostslowakischen Flysches gelösten Gase und ihre Bedeutung für die Erdölprospektion

In den Wässern des Untersuchungsgebietes wurden bedeutende Mengen gelöster Gase festgestellt, und zwar Kohlendioxyd, Schwefelwasserstoff, die Kohlenwasserstoffgase Methan bis Heptan, Stickstoff und Sauerstoff.

Das Kohlendioxyd wird auf Grund genetischer Unterschiede wie folgt gekennzeichnet:

a) Atmosphärisches Kohlendioxyd: Hierbei handelt es sich um gelöstes atmosphärisches Kohlendioxyd, das eine Konzentration von ca. 35 mg/l erreicht.

b) Kohlendioxyd der vadosen Wässer: Es ist einerseits atmosphärisches Kohlendioxyd, andererseits Kohlendioxyd, das nach Meinung der Verf. durch chemische Vorgänge im Oxydationsgebiet der Erdkruste entsteht (Oxydation des Pyrits → Entstehung von Schwefelsäure → Zerfall der Karbonate → Freiwerden von Kohlendioxyd). Die Konzentration des so entstandenen Kohlendioxyds beträgt ca. 35–70 mg/l. Auf diese Art der Bildung von Kohlendioxyd hatte bereits 1957 O. HYNIE hingewiesen.

c) Juveniles Kohlendioxyd: Es ist das Produkt der postvulkanischen Tätigkeit vor allem der Preschauer Berge (Prešovské hory) und des Vihorlat-Gebirges. Der postvulkanische Ursprung wird mit der Störung des chemischen Gleichgewichts der Karbonatgesteine infolge örtlicher Temperaturerhöhung (herabgesetzte geothermische Tiefenstufe), infolge verschiedener und erhöhter Wärmeleitfähigkeit der in den tieferen Schichtfolgen anwesenden Ergußgesteine u. ä.[1]) erklärt.

Die Konzentration an juvenilem Kohlendioxyd übersteigt oft 1 g/l, sie liegt immer über 200 mg/l.

Abb. 1 zeigt deutlich die Verbreitung der Säuerlinge. Die größte Bedeutung hat die Säuerlingsprovinz von Bardejov. Die Säuerlingsquellen in der weiteren Umgebung von Bardejov (nordöstlich und nordwestlich) stehen mit den Quellen von Hažlín, Šar. Štiavnik, Radoma, Kelča in Zusammenhang. Auch die Säuerlingsquellen entlang der Klippenzone – die Quellen von Mošurov, Tulčík usw. – und die Säuerlingsprovinzen Pčoliné, Starina, Zboj sind nicht ohne Interesse.

Schwefelwasserstoff. Zum Unterschied von den Säuerlingen kommen die schwefelwasserstoffhaltigen Wässer nicht in bestimmten Bereichen vor, sondern sind fast im ganzen ostslowakischen Flyschgebiet verbreitet (Abb. 1). Der Schwefelwasserstoff fehlt nur in der Säuerlingsprovinz von Bardejov; sein Vorkommen in den Wässern ist nicht von deren Typ abhängig.

Der Schwefelwasserstoff ist durch biogene Sulfatreduktion infolge der Tätigkeit von Mikroorganismen und durch gleichzeitige hydrolytische Zersetzung der Pyrite entstanden. In den Flyschwässern halten wir einen vulkanischen Ursprung des Schwefelwasserstoffs für ausgeschlossen, und auch der direkten chemischen Sulfatreduktion durch Methan wird keine größere Bedeutung beigemessen.

Kohlenwasserstoffgase. Die Mineralwässer des Untersuchungsgebietes sind im allgemeinen mit Methan durchsetzt, und zwar enthält der größte Teil der Wässer einige Volumenprozente Methan. Nur vereinzelte Quellen und einige Mineralwässer in der nordwestlichen Säuerlingsprovinz von Bardejov führen kein Methan. Über den Methangehalt im Gebiet südwestlich von Bardejov (Abb. 2) ist nichts bekannt, es ist aber anzunehmen, daß die Oberflächenwässer schwach mit Methan durchsetzt sind, da die vadosen Wässer in der Fortsetzung dieser tektonischen Einheit (Udava- und Bystritza-Einheit) größtenteils durch Methan gesättigt sind.

Ein Vergleich von Wassertyp und Methangehalt zeigt folgendes:

1. Methangehalt konnte festgestellt werden in:

a) salzigen Natriumbikarbonatwässern mit Erdölcharakter,
b) Natriumbikarbonatwässern vadosen Ursprungs,
c) Kalziumbikarbonatwässern vadosen Ursprungs.

Das salzige Natriumbikarbonatwasser stellt den primären Wassertyp dar und kann als Erdölwasser bzw. Lagerstättenwasser bezeichnet werden.

[1]) Über andere theoretische Möglichkeiten der Bildung von Kohlendioxyd soll nicht diskutiert werden, da sie Verf. ablehnen.

Abb. 2. H_2S-, CO_2- und Methangehalte in den Wässern des ostslowakischen Flysches

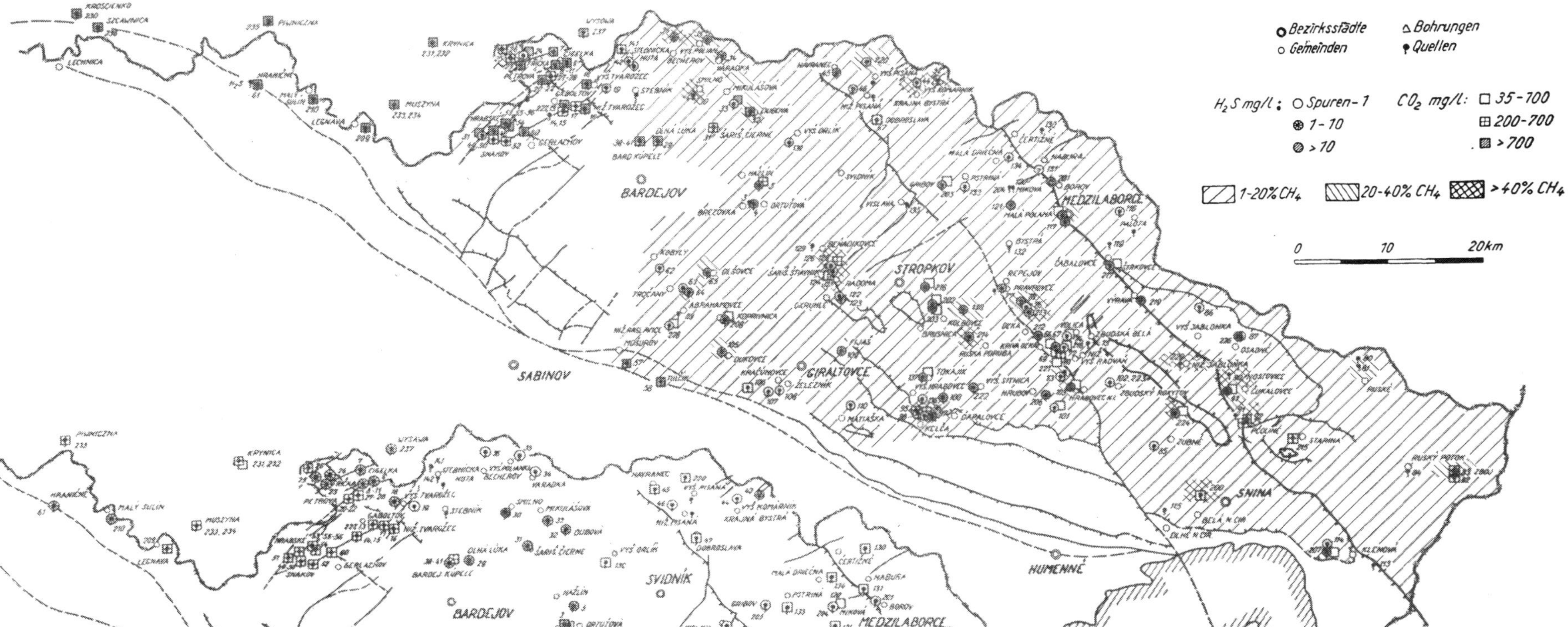

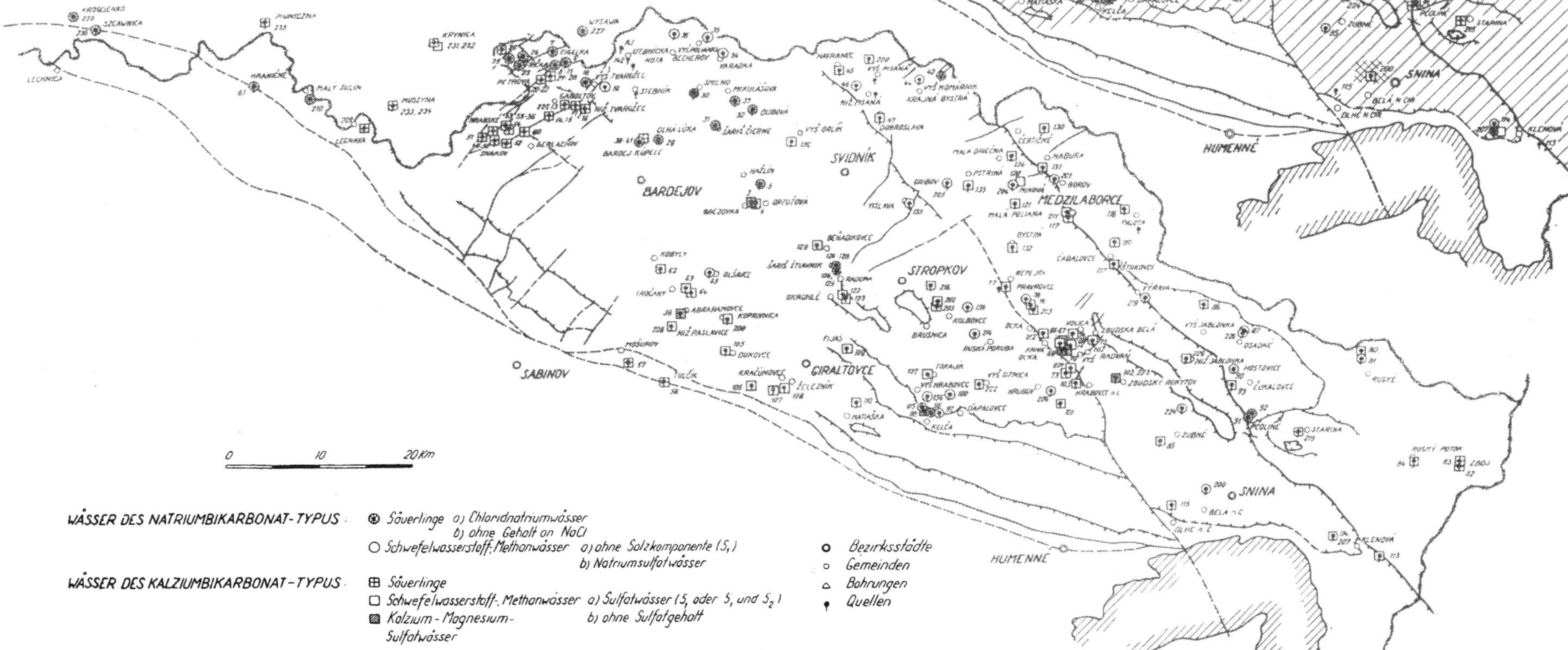

Abb. 1. Im ostslowakischen Flysch vorkommende Wassertypen

Die Natriumbikarbonat- und Kalziumbikarbonatwässer vadosen Ursprungs stehen mit der Bitumenlagerstätte nicht in direktem Zusammenhang, und ihr Gasgehalt ist infolge der Migration sekundär. Die Höhe des Gasgehaltes bezeichnet die Intensität des Migrationsstroms der Kohlenwasserstoffe und den Charakter des Kontaktes zwischen gasförmigen Bitumina und wasserführender Gesteinsschicht. Mit Ausnahme der Wässer, die auch mit freiem Kohlendioxyd durchsetzt sind, besitzen die mit Methan durchsetzten Wässer Reduktionscharakter.

2. Der größte Teil der Wässer mit normaler Methansättigung hat natriumbikarbonatischen Charakter und gehört zur Račany-Einheit.

Bei maximalen Methangehalten tritt unabhängig vom Wassertyp stets Schwefelwasserstoff auf. Dieser unterstreicht den Reduktionscharakter der Wässer und bedingt gleichfalls die Werte des Redoxpotentials rH und des Reduktionskoeffizienten $K_{O_2}^{N_2}$.

Wichtig für die Prospektion sind die Methananomalien und ihr Vergleich mit den übrigen festgestellten Vorkommen von Bitumen und mit dem Wassertyp.

Im Untersuchungsgebiet wurden folgende Quellen als Anomalien (über 20% Methan im Abgas) ausgeschieden:

Smilno, Dubová, Becherov, Vyš. Polianka, Varadka; Frička; Hraničné, Maly Sulín; Olšavce, Dukovce, Abrahamovce; Š. Štiavnik, Radoma—Kelča; Havranec, Vyš. Pisaná, Kraj. Bystrá, Vyš. Komárnik; Kolbovce, Ruská Poruba; Repejov, Olka; Vyšná Radvaň, Hrabovec, Čulalovce, Pčoliné; Zboj-Ruské; Belá n. C. — Zubné — Niž. Jablonka.

Jedoch gibt der Typ der Wässer und ihr Methangehalt allein ohne nähere Kenntnisse des geologischen Baues des Untersuchungsgebiets, dessen Tektonik und Lithologie der Sedimentgesteine keine Hinweise auf die Richtung der migrierenden Kohlenwasserstoffe oder auf Mutter- und Speichergesteine.

Die Probleme der Bitumenmigration, der Migrationswege und des Zusammenhangs zwischen Methananomalien und geologischem Bau konnten bisher mangels geologischer Unterlagen noch nicht gelöst werden. Eine Bearbeitung dieser Fragen ist aber für die nächste Etappe der komplexen geologischen Prospektion im tschechoslowakischen Karpatenflysch vorgesehen.

Eingehende Ausführungen über die Methananomalien, den Charakter des Bitumens, mit dem die Wässer in Berührung kommen, die chemische Zusammensetzung der Wässer und deren Eigenschaften (Koeffizient der Reduktionsfähigkeit, Redoxpotential, Schwefelwasserstoffgehalt), die festgestellten Bitumenimprägnationen und andere Erdölanzeichen würden den Rahmen dieser Mitteilung überschreiten.

Stickstoff und Sauerstoff. In den Wässern des Untersuchungsgebietes stellen Stickstoff und Sauerstoff gemeinsam mit Kohlendioxyd (bis zur Konzentration von ca. 35 mg/l) die gelösten atmosphärischen Gase dar. Über die Verbreitung des Stickstoffs und Sauerstoffs in den untersuchten Wässern soll hier nichts gesagt werden (obwohl der Gehalt dieser Gase in den Mineralwässern erstmalig regional untersucht wurde), da sie für die Hydrochemie des Gebietes keine neuen Erkenntnisse bringt. Wichtig ist jedoch das relative Verhältnis Stickstoff zu Sauerstoff:

$$K_{O_2}^{N_2} = \frac{\text{Stickstoffgehalt in Volumenprozenten}}{\text{Sauerstoffgehalt in Volumenprozenten}}$$

das von Verf. als Koeffizient der Reduktionsfähigkeit bezeichnet wird und nach dem der Reduktions- bzw. Oxydationscharakter der Wässer bewertet werden kann.

Die regionale Bearbeitung zeigt, daß die Mineralwässer des ostslowakischen Flysches größtenteils Reduktionscharakter haben. Nur einzelne Gebiete — die Säuerlingsprovinzen und manche Quellen — besitzen Oxydationscharakter. Die nach diesem Koeffizienten bestimmten Anomalien der Reduktionsfähigkeit decken sich überall mit den Anomalien des Methangehaltes.

Mineralquellen und Tektonik

Für das Studium der Tektonik des ostslowakischen Flyschgebietes sind vor allem die natürlichen Säuerlingsquellen und die schwefelwassserstoffhaltigen Wässer von Bedeutung. Sowohl Kohlendioxyd als auch Schwefelwasserstoff haben ihren Ursprung in den tieferen Zonen der Erdkruste. Ihr Austritt wird durch die tektonischen Störungslinien und durch die Schichtenausbisse ermöglicht.

Das Kohlendioxyd migriert längs der Querbrüche in den wichtigsten Überschiebungslinien der Magura-flysch-Einheiten und längs des Kontaktes der Klippenzone mit dem Maguraflysch. Schwefelwasserstoff tritt an allen Störungslinien usw. zutage. Die Austritte von Schwefelwasserstoffwässern und Säuerlingen zeigen meistens Bruchlinien an und können zur geologischen Deutung verwendet werden. Charakteristisch für die tektonische Trennungslinie zwischen der Bystritza- und Račany-Einheit sind Säuerlingsquellen (z. B. Bad Cigelka, Bad Bardejov, Kelča). Schwefelwasserstoffhaltige Quellen säumen die tektonische Linie Hrabovec, Krivá Olka und deren nördliche Fortsetzung; es sind dies z. B. die Quellen von Dobroslava, Havřanec, Olka, Hrabovec n. L. Die Überschiebungslinie des Maguraflysches begleiten Austritte von schwefelwasserstoffhaltigen Wässern und Säuerlingen (z. B. die Quellen von Medzilaborce, Vyrava, Pčoliné u. a.). Weitere Quellen entlang dieser Linien deuten auf Querbrüche hin.

Zusammenfassung

Verf. beschreiben die Genese und Metamorphose der Mineralwässer.

Die geschilderte Entstehung der Natriumbikarbonatwässer wird durch Versuche experimentell belegt. Hervorgehoben wird der vadose Ursprung der meisten Mineralwässer und die Bedeutung des Ionenaustausches im System Wasser—Gestein bei der Bildung und Metamorphose der einzelnen Wassertypen neben allgemein gültigen Lösungsvorgängen.

Die wichtigsten Ergebnisse der geochemischen Untersuchung von 169 Mineralwässern und mineralisierten Wässern des ostslowakischen Flysches werden besprochen.

Eine Gliederung der Mineralwässer des untersuchten Gebiets erfolgte auf Grund des in PALMER-Indizes ausgedrückten Charakters, auf Grund des Mineralisationsgrades und des Gehaltes an gelösten Gasen.

Der bituminöse Charakter der Wässer wurde nach dem Gehalt des in den Wässern gelösten Methans und auf Grund der charakteristischen Gaskoeffizienten gewertet.

Резюме

Авторы описывают генезис и метаморфизм минеральных вод.

Изложенное происхождение гидрокарбонатно-натриевых вод доказывается экспериментально опытами. Отмечаются вадозное происхождение большинства минеральных вод и значение обмена ионов в системе вода-порода при образовании и метаморфизме отдельных типов вод, наряду с общедействительными процессами растворения.

Обсуждаются главные результаты, полученные при геохимическом исследовании 169 минеральных и минерализованных вод востоко-словацкого флиша.

При подразделении минеральных вод исследуемого участка были положены в основу цифры ПАЛЬМЕРа, степень минерализации и содержание растворенного газа.

Summary

The authors describe the genesis and methamorphism of mineral waters.

The formation of waters containing bicarbonate of sodium described is experimentally demonstrated. It is emphasized that most mineral waters are derived from precipitation, and that in addition to universal processes of solution special significance must be given to the ion exchange in the water-rock system, which takes place during the formation and metamorphosis of the particular types of water.

A discussion is presented on the most important results obtained by geochemical analyses of 169 mineral and mineralized waters of the eastern Slovakian flysch.

A classification of mineral waters of the area investigated was based on the character expressed in PALMER's indices, furthermore on the degree of mineralization and the content of gases dissolved.

The bituminous character of the waters was valued by the content of methane dissolved in the waters and the characteristic gas coefficients.

Literatur

BIRKENMAJER, K.: Das Vorkommen von Mineralwässern auf Grund des geologischen Baus von Szczawnica. – Przeglad Geologiczny, 1956, S. 499–502.

CHEBOTAREW, I. I.: Metamorphism of Natural Waters in the Crust of Wheathering. – Geochim. Cosmochim. Acta, 8, S. 22, 137, 198 (1955).

DOMINIKIEWICZ, M.: Die Mineralwässer Polens. – Panstwowy zaklad wydawnictw lekarskich, Warszawa 1951.

GUMULKA, J.: Hydrochemische Oberflächenaufnahme Magura-Einheit südöstlich von Gorlice. – Jahresbericht G 5–6b, Institut Naftowy, Kraków 1956.

HENSEL, J., u. a.: Die Balneographie der Slowakei. – Slovenská Akademia Vied, Bratislava 1951.

HYNIE, O.: Hydrologie der Mineralwässer. Teil II. – Státní pedagog. naklad., Praha 1957.

JANÁK, J.: Geochemie der Tiefenwässer. – Jahresbericht, Arch. Inst. Erdölforschung, Brno 1954.

– Theorie des Ionen-Konzentrationsgleichgewichtes von Tiefenwässern in Sedimentationsbecken. – Práce Ústavu pro naft. výzkum, 1955, Nr. 4–8, S. 5–28 (1955a).

– Geochemie der Tiefenwässer. – Jahresbericht, Archiv des Instituts für Erdölforschung, Brno 1955 (1955b).

– Chromatographische Gasprospektion in Tiefenwässern. – Věstník Ústř. Ústavu geolog., 30, S. 197 (1956).

– Die Rolle des Ionengleichgewichtes bei der Bildung und Metamorphose von Naturwässern in Sedimentationsgebieten. – Geol. práce, Zprávy, 15, S. 107–137 (1959).

JANÁK, J., M. KREJČÍ & H. DUBSKÝ: Die Verwendung von Zeolithen in der Gaschromatographie, I. – Chem. Listy, 52, S. 1099 (1958).

JANÁK, J. & I. PÁRALOWÁ: Die Analyse von gelösten Gasen. – Coll. Czech. Chem. Comm., 20, S. 336–342 (1955).

JANOVSKIJ, P. L.: Die Mineralwässer der UdSSR. – Piscepromizdat, Moskwa 1959.

JURÁNEK, J.: Die kolorimetrisch-chromatographische Ultramikroanalyse von Gasen, I. II. – Coll. Czech. Chem. Comm., 24, S. 135, 2306 (1959).

LEŠKO, B.: Die Geologie des äußeren Flysches zwischen den Flüssen Laborec und Cirocha. – Geol. práce, H. 35, Bratislava 1952.

– Die Geologie des östlichen und südlichen Teils der Ondava-Berge. – X. Jubil.-Konferenz in Košice vom 8.–11. September 1956.

MAHEL, M.: Die Mineralwässer der Slowakei mit Rücksicht auf den geologischen Bau. – Práce Št. Geol. Ústavu, H. 27, Bratislava 1952.

MATĚJKA, A. & O. KODYM: Geologie der Flyschzone zwischen dem Duklaund Lupkovpaß in der Ostslowakei. – Sborník Ústr. Ústavu Geol., XIX, odd. geol., Praha 1952.

MICHALIČEK, M.: Die sorbierten Kationen der Tonsedimente – ein Indikator des hydrochemischen Sedimentationsvorganges. – Acta Univers. Carol.-geologica, Nr. 1, 2, S. 61–72, 1959.

MICHALIČEK, M. & R. KVĚT; Laboratoriumsüberprüfung der Theorie der Metamorphose und Bildung des chemischen Wassertyps in Sedimentgesteinen. – Jahresbericht, Arch. Inst. Erdölforschung, Brno 1956.

– Hydrogeochemische Untersuchung des Maguraflysches und der Faltungen von Dukla und Užok. – Jahresbericht, Arch. Inst. Erdölforschung, Brno 1958.

– Hydrogeochemische Untersuchung des ostslowakischen Flysches und der Faltungen von Dukla und Užok. – Práce výzk. ústavu ČND, XVI, 1960.

– Der Gehalt von Stickstoff und Sauerstoff in den Mineralwässern. – Ebenda.

– Bemerkungen zu den charakteristischen Koeffizienten der KWstoffgase. – Ebenda.

MRÁZEK, V. & A. POHORECKÝ: Bäderalmanach der Tschechoslowakischen Republik. – Min. veřej. zdrav. a tělových., Praha 1920.

NOVAK, J.: Übersicht der Tektonik von Polen. – Kraków 1927.

PALMER, CH.: Geochemical Interpretation of Water Analysis. – US Geol. Survey Bull., 479, 1911.

PESL, V. & E. MENŠÍK: Übersichtliche geologische Aufnahme zwischen den Flüssen Ondava und Laborec. – Jahresbericht, Arch. Čsl. Erdölbetriebe, Hodonín 1957.

– Der ostslowakische Flysch vom Standpunkt der heutigen Kenntnisse über seine Erdölhöffigkeit. – Jahresbericht, Arch.Inst. Erdölforschung, Brno 1958.

– Übersichtliche geologische Aufnahme des Maguraflysches in der Ostslowakei. – Zprávy o geol. výzkumech v r. 1957, Ústř. Ústav Geol., Praha 1959.

SCHOELLER, H.: Géochimie des eaux souterrains. – Rev. Inst. Franc. Pétrole., 10, S. 181, 212, 507, 671, 823 (1955).

STRÁNÍK, Z.: Endbericht über die geologischen Untersuchungen im Čerhov-Gebirge und im westlichen (Bardejover) Teil der Ondava-Berge. – Arch. d. Zentr. Geol. Inst., Praha 1958.

STRÁNÍK, Z. & Z. ROTH: Vorläufiger Bericht über die geologischen Untersuchungen im Čerhov-Gebirge und im westlichen (Bardejover) Teil der Ondava-Berge. – Zpravy o geol. výzkumech v r. 1957, Ústř. Ústav Geol., Praha 1959.

SZYPULA, K. & J. GUMULKA: Hydrochemische Aufnahmen bei Folusza. – 1953.

ŚWIDZINSKI, H.: Bemerkungen zum Bau der Flyschkarpathen. – Panst. Inst. Geol., Sprawodz. 8, Warszawa 1934.

WALJASCHKO, M. G.: Die Rolle der Lösungsfähigkeit bei der Bildung der chemischen Zusammensetzung von Mineralwässern. – Dokl. Akad. Nauk SSSR, 99, S. 581 (1954).

– Die wichtigsten chemischen Wassertypen und ihre Bildung. – Dokl. Akad. Nauk SSSR, 102, S. 315 (1955).

ZÝKA, V.: Beitrag zur Geochemie der Mineralwässer im NW-Teil des Kreises Presov. – Jahresbericht, Arch. Inst. Erdölforschung, Brno 1954.

Archivmaterial: Örtliche hydrologische Untersuchungen in den slowakischen Kreisen. – Vodohospodárské a rozvojovéinvesticní stredisko, Bratislava 1951–1955.

Petrographische Zusammensetzung der Speichergesteine und der Deckschichten bei der Bildung von Erdöl- und Erdgaslagerstätten

A. N. SNARSKY, UdSSR, z. Z. Freiberg (Sa.)

Für die Bildung von Erdöl- und Erdgaslagern genügt nicht das Vorhandensein von Migrationswegen, sondern es müssen auch die Bedingungen für die Erhaltung der Lager gegeben sein. Eine dieser Voraussetzungen ist das Vorhandensein von verhältnismäßig undurchlässigen Schichten im Hangenden der Speichergesteine.

So ist z. B. D. W. SHABREW (1947) der Ansicht, daß die großen Erdgasmengen in vielen Erdöllagerstätten der Apscheron-Halbinsel mit dem Auftreten von mächtigen gasundurchlässigen Schichtenfolgen verbunden sind und daß die Gasführung einzelner Schichten unmittelbar mit der Mächtigkeit der Tonschichten, die das Speichergestein überdecken und von der die Gasdurchlässigkeit abhängt, in Zusammenhang steht.

J. W. GAWRILOW (1941), W. S. MELIK-PASCHAJEW (1950, 1951), A. N. SNARSKY und andere sind der Meinung, daß vor allem die Korngröße des Speichergesteins die Gas- oder Erdölakkumulation bestimmt. Der Grad der Erdöl- und Erdgasakkumulation hängt von der Phasendurchlässigkeit für beide Medien ab, die sowohl vom Mengenverhältnis zwischen Öl und Gas als auch vom Durchlässigkeitsgrad der Gesteine überhaupt bestimmt wird. A. M. KURBANSADE (1957), der die Abhängigkeit des spezifischen Gewichts des Erdöls in der Kirmakinsker Folge der produktiven Schichten der Apscheron-Halbinsel untersuchte, stellte fest, daß mit der Zunahme des Gehalts an kleinen Fraktionen (0,1 mm) das spezifische Gewicht des Erdöls abnimmt.

Diese Abhängigkeit zwischen der Menge der kleinen Fraktionen und dem spezifischen Gewicht wurde auch in den Lagerstätten von Karamai beobachtet.

Die vom Verf. in einem anderen Beitrag (s. Z. angew. Geol., Jg. 7, S. 2–8, 1961) dargelegte Verteilung des

Erdöls in der Kirmakinsker Folge der Apscheron-Halbinsel nach dem spezifischen Gewicht zeigt, daß das spezifische Gewicht des Erdöls mit zunehmender Höhenlage der Schicht gesetzmäßig ansteigt.

A. M. KURBANSADE fand für die Kirmakinsker Folge eine Abnahme des spezifischen Gewichts des Erdöls entsprechend seiner Entfernung vom Scheitel zu den Flanken der Falle, was mit einer Zunahme des Gehalts an kleinen Fraktionen in dieser Richtung übereinstimmt. Es ist durchaus wahrscheinlich, daß in jeder Erdöllagerstätte, in der diese Abhängigkeit der Erhöhung des spezifischen Gewichts von der Zunahme der Lagerungsteufe der Schicht nicht festzustellen ist, die petrographische Zusammensetzung bedeutenden Einfluß hat. In der menilitischen Folge der Karpaten lassen sich wahrscheinlich derartige Zusammenhänge nachweisen. Vom Einfluß disjunktiver Dislokationen, die eine Schicht in einzelne Schollen teilen, wird jedoch abgesehen.

Bilden sich in den Fallen die Erdöl- und Gaslager durch vertikale Migration, so sind die Gas- und Erdölverteilung sowie die Verteilung des Erdöls nach dem spezifischen Gewicht von der petrographischen Zusammensetzung, d. h. von der Phasendurchlässigkeit für Erdöl und Gas, abhängig. Infolge seiner geringen Viskosität kann das Gas jedoch weiter vordringen, wodurch im allgemeinen die in den höhergelegenen Schichten auftretende beträchtliche Gasakkumulation zu erklären ist.

In zahlreichen Lagerstätten werden Zonen mit erhöhter Gasakkumulation festgestellt. Diese erhöhte Gasführung tritt in manchen Lagerstätten unterhalb der erdölführenden Schichten auf. Der untere Teil der produktiven Schichtenserie von Bibi-Eibat (Apscheron-Halbinsel) ist z. B. gasführender als der obere. Die eozänen Sandschichten von Bitkow (Karpaten) enthalten eine große Gaskappe, wie sie in der höhergelegenen menilitischen Folge nicht vorkommt.

Die österreichische Lagerstätte Aderklaa zeigt ähnliche Verhältnisse. Die Zonen erhöhter Gasführung und die Lagerung des Gases in Form gasführender Schichten oder Gaskappen unterhalb der erdölführenden Schichten werden gewöhnlich durch eine Zerstörung des früher im Hangenden auftretenden Gases, mit der Petrographie und vor allem mit dem Vorhandensein mehrerer Phasen der Gas- und Erdölakkumulation erklärt.

In vielen Lagerstätten kennt man zwei und mehr Phasen der Gas- und Erdölakkumulation, und oft findet die Bildung von Erdöl- und Gaslagern auch gegenwärtig noch statt. Die Bestimmung der Anzahl der Phasen muß jedoch sehr sorgfältig erfolgen und darf sich nicht nur auf eine Beobachtung stützen.

Auf Grund der in den Lagerstätten der Apscheron-Halbinsel mit wachsender Teufe der erdölführenden Schichten auftretenden Erhöhung des spezifischen Gewichts wird in drei Zonen gegliedert:

1. Oberer Abschnitt der produktiven Schichtenserie;
2. Obere Krimakinsker tonige Schichtenserie (NKG) — Obere Krimakinsker Sandfolge (NKP);
3. Krimakinsker und Untere Kirmakinsker Folge (KS und PK).

Die unteren Abschnitte aller Zonen sind sandig ausgebildet, in Richtung auf das Deckgebirge nimmt der Tongehalt zu. Es lassen sich also drei große Sedimentationszyklen unterscheiden. In jeder der Zonen erhöht sich das spezifische Gewicht der Erdöle mit zunehmender Teufe.

Auf Grund der drei Sedimentationszyklen nehmen einige Forscher für die Apscheron-Halbinsel auch drei Zyklen der Erdöl- und Gasakkumulation an. Evtl. treten auch drei oder sogar mehr Zyklen der Erdölakkumulation auf, aber sie müssen nicht unbedingt mit den Sedimentationszyklen zusammenhängen, da die Abhängigkeit der Verringerung des spezifischen Gewichts von der Zunahme der feinkörnigen Gesteinsanteile und der Viskosität der Erdöle auf die petrographische Zusammensetzung des Speichergesteins zurückgeführt werden kann.

Eine undurchlässige Decke, die das Lager gegen eine Zerstörung schützt, ist wohl zur Erhaltung des Gaslagers, aber nicht immer zur Erhaltung eines Erdöllagers notwendig.

Bereits im Heft 1/1961 dieser Zeitschrift wurde erläutert, daß eine Erdöllagerstätte — auch wenn die die Lagerstätten durchsetzenden Störungen bis an die Tagesoberfläche dringen — nicht immer zerstört zu sein braucht, da die Klüfte fast nie geöffnet sind.

Klüfte mit Asphalt, Klüfte vom Typ Sadkinskij mit Obrutschewit oder z. B. im nördlichen Teil der Dshungarsker Senke und in den Karpaten auftretende und mit Ozokerit ausgefüllte Klüfte sind eine Ausnahme und deuten auf eine Zerstörung der Erdöllager hin. Im Faltungsgebiet verlaufen diese Klüfte immer parallel zur Richtung der tektonischen Kräfte, die die Bildung der Strukturen hervorgerufen haben, und auf den Plattformen sind sie mit den durch Zugkräfte hervorgerufenen Schollenverschiebungen verbunden.

So gehört z. B. das Ozokeritlager von Borislaw zu einer liegenden Falte mit überkipptem NNE-Flügel, der auf jüngere Gesteine als die die Struktur bildenden Schichten aufgeschoben ist.

Der Scheitel der Struktur wird durch zahlreiche Längs- und Querbrüche kompliziert. Die größte Längsverwerfung verläuft im spitzen Winkel zur Faltenachse. Senkrecht zu ihr treten Serien kleinerer Brüche auf. Diese Brüche sind Zerrungsklüfte, die durch die Abschiebung des Faltengürtels bei der Bewegung der Falte nach NNE entstanden. Das Ozokeritlager ist ebenfalls an diese Längs- und Querbrüche gebunden.

Brüche, die parallel zu den bei der Faltung angreifenden Kräften verlaufen, erweitern sich bei Schichtdrücken, die bedeutend größer als der hydrostatische Druck sind, auch wenn sie nicht klaffen.

Eine Zerstörung des Erdöllagers an Verwerfungen ist vor allem dann möglich, wenn die Schwerkraft zur Auswirkung kommt, d. h., wenn das Erdöl frei an die Tagesoberfläche ausfließen kann. Da im Normalfall die Migration an den Bruchflächen — auch wenn die Druckverteilung in der Erdölschicht, die mit dem Druckwasser im Kontakt steht, berücksichtigt wird — nur bei einer Überwindung der bedeutenden hydraulischen Widerstände möglich ist, wird eine Zerstörung des Lagers verhindert.

Verringern sich diese Widerstände, z. B. infolge Erosion am Scheitel der Struktur, so wird so lange Erdöl aus dem Lager verdrängt, bis die das Erdöl aus der Schicht austreibenden Kräfte gleich den Kräften des Widerstandes sind.

Tritt aus nichtklaffenden Klüften Erdöl aus, so ist wahrscheinlich, daß sich in Teufen, in denen der Schichtendruck größer als der hydrostatische Druck ist, Erdöl befindet. Als Bestätigung, daß das Erdöl fast immer unter Druck ausfließt und nicht infolge des Unterschiedes zwischen seinem spezifischen Gewicht und dem des Wassers, kann die Tatsache dienen, daß Erdölaustritte fast immer mit dem Austritt von Wasser verbunden sind, wenn es in der Nachbarschaft an Tiefengrundwasserreservoiren fehlt.

Da das Gas leichter beweglich ist und somit eher nach der Seite des geringeren Druckes wandert, muß zur Erhaltung des Lagers im Hangenden eine Zone größerer Bewegungswiderstände vorhanden sein, als es bei Erdöl der Fall zu sein braucht.

Literatur

GAWRILOW, J. W.: Grundlagen der Physik der Erdöllager. — Baku 1941 (russisch).
KURBANSADE, A. M.: Abhängigkeit des spezifischen Gewichts von Erdölen der Kirmakinsker Folge von der Lithologie der Gesteine. — Aserbaidshanische Erdölwirtschaft, H. 9, 1957.
MELIK-PASCHAJEW, W. S.: Zur Frage über die Abhängigkeit der Gas- und Erdölführung der erdölführenden Folgen von ihrer petrographischen Zusammensetzung. — Erdölwirtschaft, H. 12, 1951.
— Abhängigkeit der Gas- und Erdölführung der erdölführenden Folgen von ihrer petrographischen Zusammensetzung. — Erdölwirtschaft, H. 2, 1950.
SHABREW, D. W.: Geologische Voraussetzungen zum Aufsuchen von Gaslagerstätten in Aserbaidshan. — Aserbaidshanische Erdölwirtschaft, H. 1 u. 3, 1947.
SNARSKY, A. N.: Migrationswege für Erdöl und Gas. — Kurze wissenschaftliche Mitteilungen des polytechnischen Instituts in Lwow, Ausg. XXVIII. 1955.

Zur Hartsalzverbreitung in Südbrandenburg und im Werra-Kalisalzgebiet

JOACHIM LÖFFLER, Berlin

Vorbemerkungen

G. SEIDEL (s. S. 178—181 dieses Heftes) konnte u. a. bei der Auswertung einer paläogeographischen Karte des Thüringer Zechsteinbeckens einen offensichtlich primären[1]) oder frühdiagenetischen Hartsalzsaum nachweisen.

Sekundär-epigenetisch-prätektonische Überprägungen, die z. B. in steilen Fazieswechseln ihren Ausdruck finden und durch Fremdlaugen hervorgerufen wurden, besitzen nur lokale Bedeutung. In Ergänzung zu SEIDEL ließ sich feststellen, daß der das primäre Ausgehende im südlichen Teil der Thüringer Mulde begleitende Hartsalzstreifen auch im Bereich des Kaliwerkes Georg-Unstrut und westlich Merseburg entwickelt ist, wie u. a. die Bohrungen bei Nebra, ferner Oberwünsch und Holleben IV beweisen. Die Faziesgrenze Kalisalz — Steinsalz kann also von Eckartsberga über Pleismar—Lauchstädt bis Halle verlängert werden (LÖFFLER 1960a). Im Halleschen Gebiet ist Hauptdolomit entwickelt. Eine Auslaugung des Kalisalzlagers scheint entgegen FULDA (1928) zwischen Halle und Nebra besonders wegen der großen Teufe nicht vorzuliegen. Die Auslaugungsgrenze wird etwas weiter östlich vermutet. Auf Grund dieser Überlegungen gewinnt der Bereich nördlich des Kaliwerkes Georg-Unstrut für das Werk eine gewisse Bedeutung.

Zur Hartsalzverbreitung in Südbrandenburg

Die geologischen Verhältnisse im Thüringer Becken führten zu der Schlußfolgerung, daß

a) im Anschluß an randnahe Zechsteinfazies Hartsalz primär zur Ablagerung gekommen und
b) die Verbreitung der Hauptdolomitfazies ein Kriterium für das Vorkommen von Hartsalz sein kann.

Geologischerseits ergab sich nun die Frage nach den hartsalzhöffigen Räumen in anderen Gebieten, da für die Hartsalzerkundung die Faziesverteilung entscheidend ist, die ihrerseits von der Genese der Faziesdifferenzierung („Fazies" hier im erweiterten Sinne gebraucht) abhängt.

Diese Überlegungen in Verbindung mit einer paläogeographischen Auswertung ließen diesen o. a. Hartsalzstreifen auch weiter östlich, also im Gebiet von Südbrandenburg, vermuten, da im südlichen Teil zunächst eine randnähere Fazies nachgewiesen ist. Sie besteht aus tonigen, schluffigen und sandigen Gesteinsfolgen. Mächtige Kalksteine und Dolomite kamen in Richtung auf das Beckeninnere zur Ablagerung. Danach folgen im wesentlichen Anhydrite, Steinsalz und schließlich Kalisalze. Nach F. KÖLBEL (1960) liegen z. B. für den besonders interessierenden Staßfurt-Zyklus folgende Verhältnisse vor:

„Eine Zone überwiegender Karbonatgesteine mit fehlendem Staßfurt-Salz liegt bei Spremberg und Dahme-Colochau vor, wo 21 bis über 100 m Hauptdolomit von nur 2,5 bis 24 m Basalanhydrit oder dessen Äquivalente überlagert werden. Bei Spremberg ist der Hauptdolomit als Dolomit, bei Dahme-Colochau dagegen überwiegend als Kalkstein ausgebildet. Bei Schönewalde weist der als Gips vorliegende Basalanhydrit Kalkschluff-, Kalksandstein-, Tonstein- und Mergelsteineinschaltungen auf; bei Schönewalde und Schlieben vertreten feinsandige, rauhe Schluffsteine, Kalkschluffsteine und Kalksteine den Staßfurt-Anhydrit."

In Rüdersdorf wird der Horizont des Hauptdolomits faziell durch „dünnplattigen, bituminösen Kalkstein mit Schiefermergel, den sog. Stinkschiefer" vertreten. Das Flöz Staßfurt ist ebenso wie in Sperenberg und in der Struktur Buchholz als Carnallitgestein ausgebildet. Wenn man also die randnahe Fazies bei Schönewalde, Dahme-Colochau und Spremberg und die carnallitische Ausbildung des Flözes Staßfurt bei Sperenberg und Buchholz in Betracht zieht, erscheint in Analogie zum Thüringer Becken das dazwischen liegende Gebiet hartsalzhöffig (vgl. Abb. und LÖFFLER 1960b). Der Verlauf der Faziesgrenze Kalisalzflöz Staßfurt—Staßfurt-Steinsalz muß z. B. nördlich der Struktur Mulkwitz gesucht werden, da 0 bis 43 m Staßfurt-Steinsalz in ca. 900 m Teufe direkt vom Deckanhydrit und Grauen Salzton überlagert werden. Da auch 0—40 m Leine-Steinsalz vorhanden sind, erscheint eine Auslaugung des Kalisalzflözes ausgeschlossen.

Diese Prognose wurde inzwischen bestätigt; denn die Bohrungen Spremberg 70 bei Bagenz und Spremberg 66 haben in ca. 1100 m bzw. 1000 m Teufe Hartsalz in verarmter Ausbildung mit 4 bis 5% K_2O angetroffen[2]). In den Jahren 1961/62 sollen in diesem Gebiet in Kupferschiefer- und Erdölerkundungsbohrungen weitere Kalisalzkerne gezogen werden. Bei positivem Ergebnis ist dann eine Kalisalzerkundung geplant. Nachteilig können sich jedoch z. T. die beträchtliche Teufe des Kalisalzflözes

[1]) Primär ist dabei nicht absolut in dem Sinne zu verstehen, daß das jetzt vorliegende Hartsalz unbedingt eine echte primäre Paragenese sein muß. Sekundäre frühdiagenetische Vorgänge kurz nach Ablagerung der Kalisalze können modifizierend gewirkt haben.

[2]) Inzwischen wurde in zwei weiteren Bohrungen verarmtes anhydritisches Hartsalz nachgewiesen.

und die komplizierten tektonischen Verhältnisse (Schollentektonik) entlang des Lausitzer Hauptabbruchs und des Abbruchs von Wittenberg auswirken.

Die Faziesverhältnisse im Kalisalzflöz Staßfurt weisen eine gute räumliche Übereinstimmung mit der Faziesverteilung Stinkschiefer—Übergangszone—Hauptdolomit in Südbrandenburg auf (K. H. SCHRADER, mündl. Mitteilung), was ebenfalls das Auftreten eines Hartsalzstreifens wahrscheinlich macht.

Zur Hartsalzverbreitung im Werra-Kalisalzgebiet

Die Verhältnisse im Thüringer Becken und in Südbrandenburg lassen den Schluß zu, daß auch im Werra-Kalisalzgebiet mit einem randlichen primären bzw. frühdiagenetischen Hartsalzsaum zu rechnen ist. Die Überlegungen von G. SEIDEL (J. LÖFFLER & G. SEIDEL 1960) stützen sich dabei auf die Ergebnisse der geologischen Bearbeiter des Werra-Kalisalzgebietes (vor allem auf H. LÜTZNER, A. SCHWANDT, E. DITTRICH, G. HAASE, H. KÄSTNER u. a.), die in Diplomarbeiten, Vorträgen und Diskussionen für eine vorwiegend primäre oder frühdiagenetische Hartsalzentstehung eingetreten sind. Die neuerdings von E. DITTRICH (1960) veröffentlichten Bromkurven des Werra-Steinsalzes lassen eindeutig erkennen, daß im Bereich des Unteren Lagers (Flöz Thüringen) höhere Werte als im Bereich des Oberen Lagers (Flöz Hessen) vorhanden sind, d. h., daß die Laugenkonzentration im Sedimentationsabschnitt des Oberen Lagers relativ gering blieb. Das steht offensichtlich in Übereinstimmung mit der faziellen Ausbildung der Flöze, da das Obere Lager im wesentlichen nur Hartsalz aufweist und außerdem geringere räumliche Verbreitung als das Untere Lager hat, während im Unteren Lager großräumige fazielle Wechsel hinsichtlich der Carnallit- und Mischsalzausbildung bestehen. Die im Unteren Lager z. T. vorhandenen geringmächtigen liegenden und hangenden Hartsalzbestege können innerhalb der Phasensukzession

Steinsalz
Hartsalz
Carnallitgestein
Hartsalz
Steinsalz

als progressive bzw. rezessive Sedimente gedeutet werden. Daraus folgt, daß südlich des bisher bekannten Bereiches im Flöz Thüringen in Richtung des ehemaligen Beckenrandes die Flözausbildung in Hartsalzfazies zu erwarten wäre. Zur Zeit werden in diesem Gebiet Kohlensäure-Erkundungsbohrungen niedergebracht, die u. U. Aufschluß über die Existenz dieses vermuteten Hartsalzstreifens, seine Mächtigkeit und Breite geben werden.

In diesem Zusammenhang gewinnt auch das Vorhandensein einer isofaziellen Ablagerung der Flöze Staßfurt und Ronnenberg im hannoverschen Gebiet (SYDOW 1959) an Interesse. Außerdem ist nicht ausgeschlossen und müßte noch durch Untersuchungen bewiesen werden, daß das Staßfurt-Hartsalz des hannoverschen Gebietes als rezessive Bildung der Mitteldeutschen Staßfurtregion anzusehen ist, also stratigraphisch dem hangenden Hartsalzbesteg entspräche.

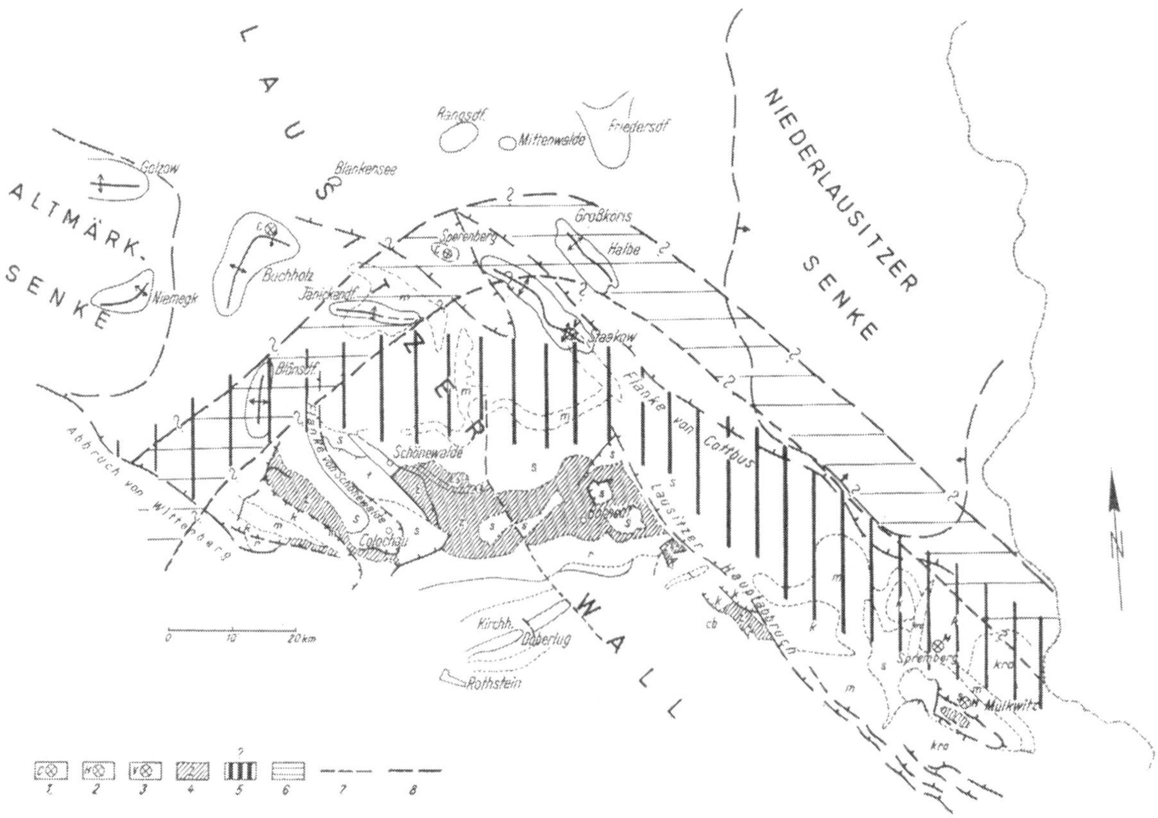

Übersichtskarte des hartsalzhöffigen Gebietes Südbrandenburgs (unter Verwendung von Kartierungsmaterial von F. KÖLBEL und J. HAASE)

1 — Carnallitgestein verbreitet; 2 — Hartsalz bzw. verarmtes Hartsalz verbreitet; 3 — „Vertaubung"; 4 — Zechstein unter Quartär und Tertiär (Salinar ausgelaugt); 5 — hartsalzhöffiges Gebiet (vermutet) (nach LÖFFLER); 6 — Übergangszone von Ca2d im Süden zu Ca2st im Norden (nach SCHRADER); 7 — Grenze Ca2d; 8 — Grenze Ca2st

Die gemeinsame Erkundung Erdöl/Erdgas—Kalisalz

Wiederholt bestätigten Erdgaserkundungsbohrungen u. a., daß primär bzw. frühdiagenetisch gebildetes Hartsalz bevorzugt im Verbreitungsgebiet der Hauptdolomitfazies auftritt. Die Erdöl/Erdgaserkundung und die Hartsalzerkundung besitzen demzufolge die gleichen räumlichen Interessen. Daher müssen alle Arbeiten sorgfältig koordiniert werden, angefangen bei der komplexen Erkundung durch Bohrungen bis zur Beachtung der Bohrlochsicherheitspfeiler im salinaren Teil des Zechsteins und damit der Abstände zwischen den einzelnen Bohrungen. Bei einem geringeren Abstand als 900 bis 1200 m zwischen zwei Bohrlöchern betrachtet die Kaliindustrie zur Zeit das betreffende Gebiet als verloren. Um der Erdöl/Erdgaserkundung jedoch keinen Zwang auferlegen zu müssen, andererseits der Volkswirtschaft wertvolle Hartsalzvorräte zu erhalten, sind Forschungsarbeiten hinsichtlich

a) der Entwicklung eines Abbauverfahrens unter Berücksichtigung enger Bohrlochabstände unter Beibehaltung von Bohrlochsicherheitspfeilern, bzw.

b) der Entwicklung eines Abbauverfahrens für Hartsalz bei Mitgewinnung der Bohrlochsicherheitspfeiler

erforderlich. Außerdem muß die quantitative Auswertung der radiometrischen Bohrlochmessungen so weit verbessert werden, daß auch ohne Kernstrecken im Kalisalzhorizont eine Aussage über Mächtigkeit, Fazies und K_2O-Gehalt möglich ist.

Eine wirtschaftliche Einschätzung der Hartsalzprognose unter Berücksichtigung der neuen Erkenntnisse zeigt, daß auf diese Weise für die Erkundung große Geldmittel eingespart werden können.

Zusammenfassung

G. SEIDEL konnte auf Grund der jetzigen Erkenntnisse und Vorstellungen eine großräumige primäre bis frühdiagenetische Faziesdifferenzierung für die Thüringer Mulde wahrscheinlich machen. Entsprechende Überlegungen nach Auswertung der paläogeographischen Verhältnisse des Zechsteins führten dazu, auch das Gebiet Südbrandenburgs und im Werra-Kalisalzgebiet das Flöz Thüringen südlich des jetzt bekannten Gebietes als hartsalzhöffig anzusehen.

Die Prognose für Südbrandenburg wurde durch zwei Aufschlüsse bestätigt. Weitere Hinweise können demnächst im Werra-Kalisalzgebiet niedergebrachte Kohlensäure-Erkundungsbohrungen geben. Diese neuen Erkenntnisse wurden bereits dem Perspektivplan für die Kalisalzerkundung zugrunde gelegt.

Weiterhin wurde gezeigt, daß die Erdöl/Erdgaserkundung und die Kalisalzerkundung z. T. gemeinsame Interessen besitzen, die bei der Erkundung zu berücksichtigen sind, und die Entwicklung neuer Kalisalzabbauverfahren vorgeschlagen.

Резюме

Основываясь на нынешних познаниях и представлениях, Г. ЗАЙДЕЛЬ мог доказать, что в Тюрингенской мульде с вероятностью имела место крупнопространственная первичная до раннедиагенетическая дифференциация фаций. После интерпретации палеогеографических условий во время цехштейна мы пришли к выводу, что перспективными на твердую соль можно считать также район Южного Бранденбурга и калийный пласт ,,Тюринген'' в районе калийных солей ,,Верра''.

Прогноз для Бранденбурга подтвердился двумя скважинами. Пробуреные в районе калийных солей ,,Верра'' разведочные скважины на углекислоту в ближайшем будущем дадут дальнейшие указания. Эти новые познания были положены в основу перспективного плана по разведке калийных солей.

Дальше было показано, что разведка на нефть и газ и разведка на калийные соли отчасти имеют совместные интересы, которые должны быть учтены при разведке. Предлагается развитие новых систем разработки калийных солей.

Summary

Present knowledge and conceptions enabled G. SEIDEL to establish a large area primary up to early diagenetic facies differentiation as probable for the Thuringian trough. Corresponding considerations subsequent to the evaluation of the paleogeographical conditions in the Zechstein led to the conclusion that also the South Brandenburg area and the Thuringia seam south of the already known area in the Werra potash salt disctrict must be regarded as probably hard salt bearing.

The prognosis for South Brandenburg has been confirmed by two exposures. Further informations will be given soon by carbon dioxide exploration drillings sunk in the Werra potash salt district. This new knowledge has already been taken as basis for the perspective plan designed for the reconnaissance of potash salt.

It is also shown that there are in part common interests to be taken into account in the petroleum/natural gas and potash salt reconnaissance. Furthermore, a suggestion is made to develop new methods for the mining of potash salt.

Literatur

AHLBORN, O.: Die Flöze Thüringen und Hessen und ihre wechselseitigen Beziehungen. — Z. deutsch. geol. Ges., **105** (1955).

BORCHERT, H.: Ozeane Salzlagerstätten. — Verl. Gebr. Borntraeger, Berlin 1959.

DIETZ, E.: Die Salzlagerstätte des Werragebietes. — Arch. Lagerstättenforsch., H. 40, Berlin 1928.

DITTRICH, E.: Zur Gliederung der Werra-Serie im Werrakaligebiet. — Vortrag anläßl. 7. Jahrestag. geol. Ges. DDR, 1960 (im Druck).

EBELING, V.: Die Auslaugung der Zechsteinsalze und die Bildung posthumer Salze in der Querfurter Mulde. — Unveröff. Meldearb., Nr. 2503, Archiv Staatl. Geol. Komm., Berlin 1915.

FULDA, E.: Die Zechsteinformation in der Gegend von Halle und Merseburg. — Jb. preuß. geol. Landesanst. 1928, XLIX (1928).

— Handbuch der vergleichenden Stratigraphie Deutschlands, ,,Zechstein". — Verl. Gebr. Borntraeger, Berlin 1935.

GAERTNER, H.: Paläogeographie und Faziesentwicklung im mittleren und höheren Teil des Zechsteins 1 zwischen Harz und Thüringer Wald. — Unveröff. Diss., Jena 1958.

GRUPE, O.: Die Harzschwelle der jüngeren Zechsteinzeit und ihr Einfluß auf die Ausbildung des in ihrem Bereich liegenden Salzlagers. — Z. Kali, **22** (1928).

HOPPE, W.: Die Auslaugungserscheinungen im Werra-Kaligebiet, ihre Bedeutung für die Lagerstätte und die Landschaftsformen. — Jb. Reichsamt Bodenforsch., **62**, Berlin 1941.

— Die Bedeutung der geologischen Vorgänge bei der Metamorphose der Werra-Kalisalzlagerstätte. — Freib. Forsch. H., A 123 (1958).

HOYNINGEN-HUENE, E. v.: Zur Hydrogeologie des Oberrotliegenden und der Werraserie (Zechstein 1) im östlichen Harzvorland. — Unveröff. Manuskript, Staatl. Geol. Komm., Berlin 1960.

JUNG, W.: Das Steinsalzäquivalent des Zechstein 1 in der Sangerhäuser und Mansfelder Mulde und daraus resultierende Bemerkungen zum Problem der Jahresringe. — Ber. geol. Ges. DDR, **4** (1959).

KÖLBEL, F.: Das Prätertiär der Struktur Mulkwitz bei Spremberg nordöstlich des Lausitzer Hauptabbruches. — Geol., **7** (1958).

— Zur Stratigraphie und Paläogeographie des Zechsteins in Südbrandenburg. — Vortr. anläßl. 7. Jahrestag. geol. Ges. DDR, 1960 (im Druck).

— Die Entwicklung des Zechsteins in Südbrandenburg. — Z. angew. Geol., **7**, 2 (1961).

LÖFFER, J.: Primäre Sedimentationsunterschiede im Zechstein 2 und 3. — Geologie, **9**, 8 (1960a).

— Zur Problematik der Hartsalzentstehung. — Vortr. anläßl. 7. Jahrestag. geol. Ges. DDR, 1960 (1960b, im Druck).

LÖFFLER, J. & G. SEIDEL: Bericht über die ersten Ergebnisse der Sektion Kali der Geologischen Gesellschaft in der DDR hinsichtlich einer Hartsalzprognose im Werrakaligebiet, in der Thüringer Mulde und für das Gebiet Südbrandenburgs. — Unveröff. Ber., Staatl. Geol. Komm., Berlin **1960**.

LOTZE, F.: Steinsalz und Kalisalze I. — Verl. Gebr. Borntraeger, Berlin 1957.

LÜTZNER, H.: Die Urnshäuser Störung und die Frage ihrer Fortsetzung bis zur Schachtanlage Menzengraben. — Unveröff. Dipl.-Arb., Jena 1955.

RICHTER, G.: Zur vergleichenden Stratigraphie des Zechsteins in Mitteldeutschland. — Z. Kali, **35** (1941), **36** (1942).

RICHTER-BERNBURG, G.: Zur Frage der absoluten Geschwindigkeit geologischer Vorgänge. — Z. Naturwiss., **36** (1950).

— Über salinare Sedimentation. — Z. deutsch. geol. Ges., **105** (1955).

— Geologische Voraussetzungen für die Genese von Kalisalzlagerstätten. — 3. Tag. Intern. Kali-Inst., Rom 1955.

SCHULZE, G.: Beitrag zur Stratigraphie und Genese der Steinsalzserie I bis IV des mitteldeutschen Zechsteins unter besonderer Berücksichtigung der Bromverteilung. — Freib. Forsch. H., A 123 (1959).

SCHWANDT, A.: Zur Faziesdifferenzierung im Werra-Kali-Gebiet. — Vortrag anläßl. 7. Jahrestag. geol. Ges. DDR, 1960 (im Druck).

SYDOW, W.: Die Ausbildung des Ronnenberglagers unter besonderer Berücksichtigung des petrographischen Aufbaues und seiner sekundären Veränderung. — Z. Kali u. Steinsalz, **2**, 12 (1959).

WALJASCHKO. M. G.: Die Geochemie der Kalisalzlagerstätten. — Verl. Akad. Wiss. UdSSR, Serie Geol., Prob. d. Kalisalzgest., Moskau 1956.

— Die wichtigsten geochemischen Parameter für die Bildung der Kalisalzlagerstätten. — Freib. Forsch.-H., A 123, (1959).

ZINDLER, G.: Zwischenbericht über die im Jahre 1959 durchgeführten Erkundungsarbeiten auf Kupfer, Blei und Zink im Raum Spremberg—Weißwasser. — Unveröff., Archiv Staatl. Geol. Komm., Berlin 1960.

Zur Kalierkundung im Thüringer Becken

GERD SEIDEL, Jena

1. Vorbemerkungen

Im Südharzkalirevier wird heute nur Hartsalz verarbeitet. Zu einer Carnallitverarbeitung wird aus ökonomischen Gründen (Endlaugenbeseitigung, Umstellung der Werkanlagen) in den nächsten Jahren nicht übergegangen werden können. Aus diesem Grunde besteht die Notwendigkeit, die Erkundung auf Hartsalz im Thüringer Becken verstärkt fortzusetzen. Entscheidend für die Hartsalzerkundung im Thüringer Becken ist die Faziesverteilung, die von der Faziesdifferenzierung („Fazies" hier im erweiterten Sinne gebraucht) abhängig ist. Während BORCHERT (1959) für eine epigenetische Faziesdifferenzierung eintritt, nimmt G. RICHTER-BERNBURG (1955) im deutschen Zechstein eine primäre an. Nach M. G. WALJASCHKO (1958) wurden die heute bekannten sowjetischen Lagerstätten in einem normalen Sedimentationsprozeß und durch diagenetische Überprägung der primär ausgefällten Salze geschaffen. Epigenetische Prozesse sind dabei von lokalem Charakter.

Entgegen der Auffassung von A. BAAR (u. a. 1944/1945), der hauptsächlich eine epigenetische Entstehung des Kalilagers im Südharzgebiet annimmt, traten E. STOLLE, R. LANGBEIN und Verf. in Vorträgen und Diskussionen stets für eine großräumige, primäre bis frühdiagenetische Faziesdifferenzierung des Kalilagers Staßfurt ein.

Erstmalig wurde von F. DEUBEL (1946, Akten des Geologischen Dienstes Jena, unveröffentlicht) eine detaillierte Verbreitungskarte dieses Lagers im Thüringer Becken entworfen. Ferner stand die von E. STOLLE (Vortrag auf der Haupttagung der Geol. Ges. d. DDR 1960) entworfene Fazieskarte des Südharzkalireviers zur Verfügung.

2. Stratigraphie und Paläogeographie

Im Thüringer Becken baut sich der Zechstein wie folgt auf:

6	m	Oberste Zechsteinletten (T4r)
0,2	m	Grenzanhydrit (A4r)
0– 30	m	Aller-Steinsalz (Na4)
0– 1	m	Pegmatitanhydrit (A4)
0– 50	m	Roter Salzton (T4)
0–100	m	Leine-Steinsalz (Na3)
35– 50	m	Hauptanhydrit (A3)
5– 30	m	Grauer Salzton (T3)
1– 2	m	Tonanhydrit (A2r)
1– 2	m	Decksteinsalz (Na2r)
0– 50	m	Kalilager Staßfurt (K2)
0–400	m	Staßfurt-Steinsalz (Na2)
2– 30	m	Basalanhydrit (A2)
5– 60	m	Stinkschiefer (Ca2st) – Hauptdolomit (Ca2d)
0– 80	m	Oberer Werra-Anhydrit (Al β)
0–200	m	Werra-Steinsalz (Na1)
0–150	m	Unterer Werra-Anhydrit (Al α)
0– 5	m	Zechsteinkalk (Ca1)
0– 1	m	Kupferschiefer (T1)
0– 10	m	Zechsteinkonglomerat (Z1C)

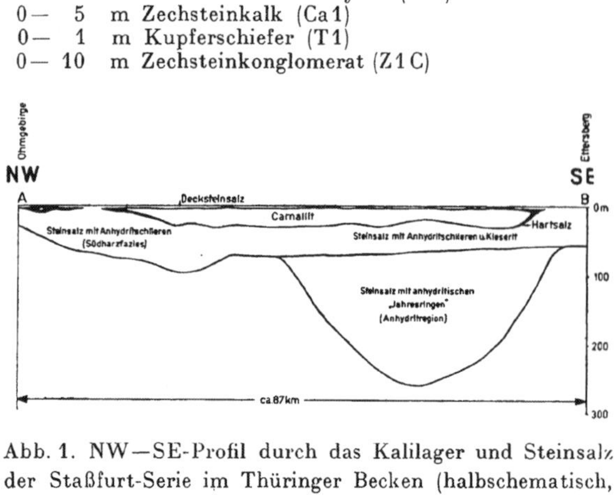

Abb. 1. NW–SE-Profil durch das Kalilager und Steinsalz der Staßfurt-Serie im Thüringer Becken (halbschematisch, stark überhöht)

Im Thüringer Becken im weiteren Sinne unterscheidet man zwischen der geringmächtigen Südharzfazies und der mächtigen Unstrutfazies des Staßfurt-Steinsalzes. Auf Grund älterer und neuerer Bohrungen ergibt sich folgende Parallelisierung zwischen beiden Faziestypen (s. Abb. 1):

Südharzfazies	Unstrutfazies (A. TINNES 1928)
ca. 1 m Decksteinsalz	ca. 1 m Decksteinsalz
ca. 20 m Kaliflöz Staßfurt	ca. 20 m Kaliflöz Staßfurt
ca. 20–100 m Staßfurt-Steinsalz	ca. 20–60 m Übergangsschichten
	ca. 0–350 m Anhydritregion

Neben der großen Steinsalzmächtigkeit ist für die Unstrutfazies das Auftreten der Anhydritregion typisch. Diese Fazies reicht bis in die innersten Teile des Thüringer Beckens. So konnte die Anhydritregion in den Bohrungen Buttstädt, Olbersleben, Markvippach, Straußfurt und Hachelbich nachgewiesen werden. In der Bohrung Hachelbich wurde der Übergang zwischen dem Staßfurt-Steinsalz der Südharzfazies in die Unstrutfazies beobachtet. Er ergibt sich aus der Unterlagerung des Steinsalzes der Südharzfazies durch die Anhydritregion (Abb. 1) und der Zunahme des Kieseritanteils in dem Staßfurt-Steinsalz der Südharzfazies, das damit, im allgemeinen gesehen, den Übergangsschichten der Unstrutfazies entspricht. Da das Staßfurt-Steinsalz der Südharzfazies z. T. 100 m und die Übergangsschichten im Unstrutgebiet etwa 30 bis 50 m mächtig sind, dürfte weiter im Beckeninnern der oberste Teil der Anhydritregion den untersten Teil der Südharzfazies vertreten. Im Kaliflöz Staßfurt waren dann die Niveauunterschiede im Becken weitgehend ausgeglichen.

Paläogeographisch liegt die Unstrutfazies im Thüringer Becken etwa im Bereich des erzgebirgisch streichenden Troges mit mächtigem Rotliegendem, der sich in der Werra-Serie durch geringer mächtige (insgesamt etwa 100 m) Anhydrite auszeichnet. Der Schwellenhang dieses Troges wird im SE von der Weimar–Merseburger Anhydritzunge und im NW von der Sondershäuser Anhydritzunge (H. GAERTNER 1958) gebildet. In diesen Gebieten mit etwa 300 m mächtigen Werra-Anhydriten treten die für die Beckenfazies typischen, regelmäßig feinschichtigen (lamellenartigen) Anhydrite zugunsten der unregelmäßig geschichteten (flasrigen) Anhydrite zurück. Dieser Trog enthält ebenfalls die beckentiefere Stinkschiefer- bzw. Stinkdolomitausbildung gegenüber der im Südharz üblichen Hauptdolomitentwicklung. Der Basalanhydrit ist im Beckeninnern wieder geringmächtig (ca. 2 m), am Schwellenhang im eigentlichen Südharzgebiet ca. 20 bis 30 m mächtig und nimmt erst im Bereich der Eichsfeldschwelle wieder ab. Während im Beckeninnern der obere Teil des Basalanhydrits etwa durch die 10- bis 20mal mächtigere Anhydritregion des Staßfurt-Steinsalzes vertreten wird, nimmt der Hauptdolomit im Bereich der Eichsfeldschwelle den unteren Teil des Basalanhydrits ein (s. a. F. HEIDORN 1935 und H. GAERTNER 1954). Durch die Anhydritregion wird das während der Bildung der Werra-Serie, des Stinkschiefers und geringmächtigen Basalanhydrits entstandene Sedimentationsdefizit von ca. 200 m (gegen-

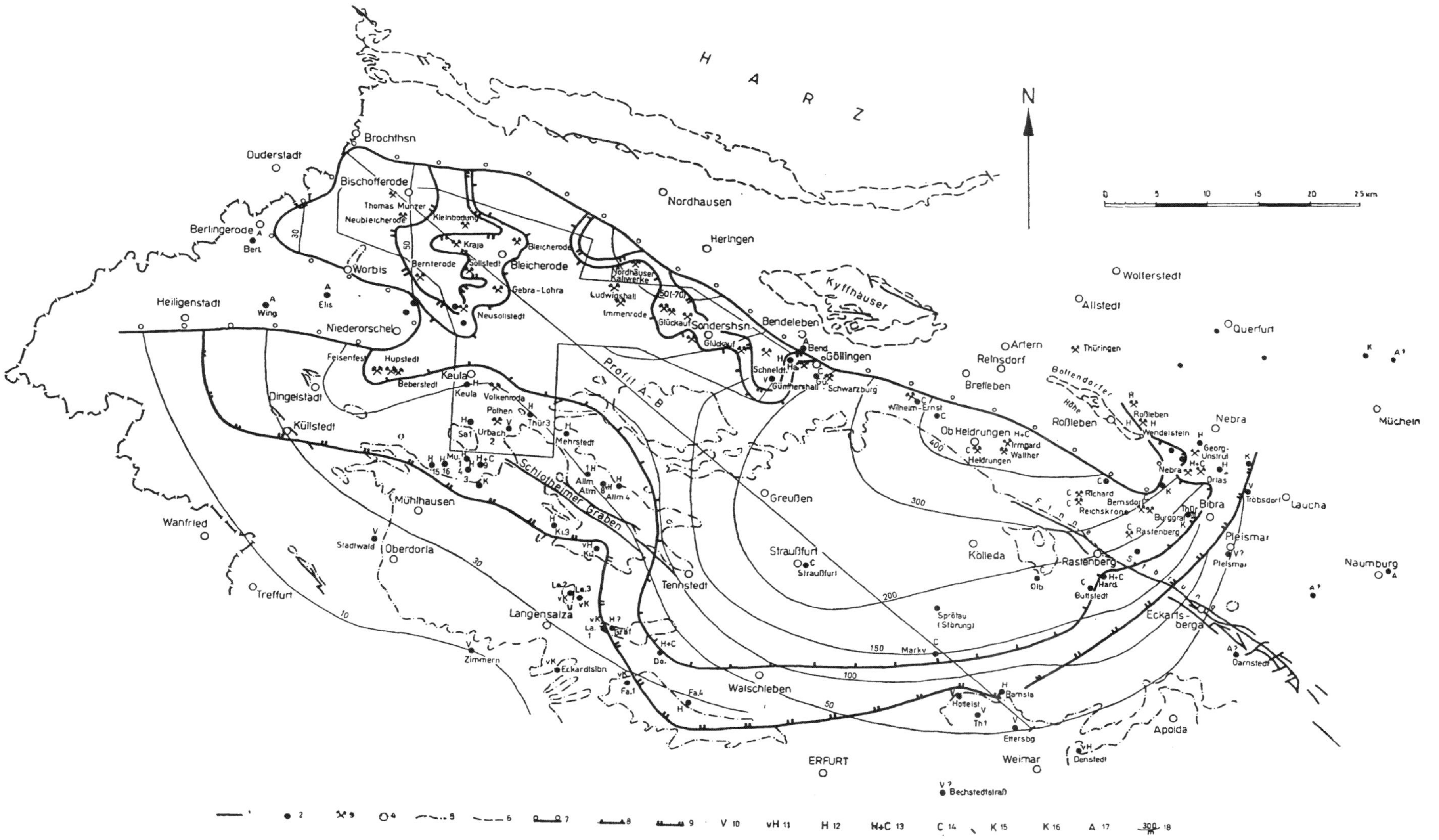

Abb. 2. Verbreitung und Fazies des Kaliflözes im Thüringer Becken (Gebiet der Südharzkalischächte aus der Fazieskarte von E. STOLLE übernommen, hier alle Bohrungen weggelassen)

1 – Markscheide, 2 – Bohrungen, 3 – Schächte, 4 – Orte, 5 – mo/ku-Grenze, 6 – Zechstein-Oberkante u. -Unterkante, 7 – Ablaugungsrand von Flöz Staßfurt, 8 – Grenze Carnallit (z. T. mit unbauwürdigem Hartsalz) – Hartsalz (bzw. Mischsalzfazies mit bauwürdigem Hartsalz), 9 – Grenze bauwürd. Hartsalz (Mischsalzfazies mit bauwürdigem Hartsalz und reine Hartsalzfazies mit lokalen Verstaubungen und Carnallitlinsen) – Vertaubung, 10 – Vertaubung, 11 – verarmtes Hartsalz, 12 – Hartsalz, 13 – Mischsalzfazies mit bauwürdigem Hartsalz, 14 – Carnallit z. T. mit unbauwürdigem Hartsalz, 15 – Kalisalze (Fazies unbekannt), 16 – verarmte Kalisalze, 17 – Kalisalze abgelaugt, 18 – Mächtigkeiten Na 2

über den benachbarten mächtigen Anhydritzungen) wieder ausgeglichen.

Die Übergangsschichten mit hohem Kieseritanteil entsprechen einer Beckenfazies, während in der Südharzfazies fast nur Anhydrit und z. T. Ton als Einlagerungen vorkommen und für randliche Beeinflussung sprechen. Vergleicht man in Abb. 2 die Mächtigkeiten des Staßfurt-Halites mit der Verteilung von Carnallit-, Hartsalz- und Vertaubungsfazies, so ergibt sich, im allgemeinen gesehen, daß der Carnallit im Beckeninnern, dagegen Hartsalz und Vertaubung am Beckenrand auftreten. Jenes große erzgebirgisch streichende Carnallitgebiet im Ostteil des Thüringer Beckens war seit dem Rotliegenden stets als Trog ausgebildet. Aus all dem folgt, daß die Faziesdifferenzierung primär bis frühdiagenetisch angelegt worden ist. Die z. T. vorkommenden Abweichungen (bei Roßleben tritt über etwa 500 m Staßfurt-Halit Hartsalz auf) ergeben sich aus der Änderung der Beckenrandlagen. So war z. B. während der Zeit der Anhydritregionablagerung nur jener beckentiefste Teil Steinsalz-Sedimentationsgebiet, während im eigentlichen Südharzgebiet erst später die Steinsalzsedimentation einsetzte.

Neben der Faziesdifferenzierung Carnallit-Hartsalz-Vertaubung spricht auch noch der stärkere Kieseritgehalt des Lagers im Unstrutgebiet gegenüber dem anhydritischen und kieseritarmen Lager im Südharzgebiet für eine etwas anders geartete Bildung.

Im Carnallitverbreitungsgebiet des Thüringer Beckens ergeben sich zwei Streichrichtungen, einmal jene erzgebirgische Mulde, die etwa dem Saaletrog entspricht, und sodann die herzynische Ausbuchtung dieses Hauptbeckens zum Südharzkaligebiet. Während also noch zur Zeit des Staßfurt-Lagers die erzgebirgische Richtung vorhanden war, tritt bei der Ablagerung des Leine- und Aller-Steinsalzes nur noch die herzynische Richtung in Erscheinung. Die Steinsalzsedimentation beschränkte sich auf den NE-Teil des Thüringer Beckens. Insgesamt gesehen, erkennt man im Zechstein des Thüringer Bekkens die Tendenz des Überganges von erzgebirgisch zu herzynisch streichenden Ablagerungsräumen (s. a. H. GAERTNER 1958) und eine Verlagerung des jeweilig beckentiefsten Teiles von SW nach NE.

3. Schlußfolgerungen für die Lagerstätte

Betrachtet man den Verlauf (Abb. 2) des Hartsalzgürtels, so erscheint er im Südharzgebiet bewegter als am S-Rand des Thüringer Beckens. Das liegt jedoch nur an der Aufschlußdichte, prinzipiell ist eine gleiche Zerlappung des Hartsalzgürtels auch am S-Rand des Thüringer Beckens anzunehmen.

Für die Erkundung muß man vor allem wissen, ob der Hartsalzgürtel in bauwürdiger Breite (mehr als 500 m) und Mächtigkeit (mehr als 1,5 m bei 2 m anzubauender Bank) entwickelt ist, ob das darunter befindliche Steinsalz eine möglichst große Mächtigkeit besitzt (und dadurch eine bessere Mechanisierung des Abbaus ermöglicht) und ob das Lager in abbauwürdiger Teufe (weniger als 1200 m) liegt. Weiterhin ist natürlich der Chemismus des Hartsalzlagers (z. B. mehr als 10% K_2O, Art und Menge der auftretenden Sulfatmineralien) von großer Bedeutung.

Auf Grund dieser Daten muß man zunächst an die Vorerkundung in weniger aufgeschlossenen Gebieten bzw. an die Erkundung in Bereichen mit größerer Aufschlußdichte herangehen. So wird z. B. vom Geologischen Dienst Jena die Fortsetzung des Hartsalzstreifens von „Glückauf", Sondershausen, nach NW und nach SE untersucht.

Weiterhin erscheint die Teufenlage des Hartsalzstreifens im Kaliflöz Staßfurt (700 bis 1000 m) südlich und westlich von Felsenfest—Hüpstedt—Beberstedt und westlich von Volkenroda—Pöthen recht günstig. Allerdings muß hier noch die z. T. geringe Mächtigkeit des Staßfurt-Steinsalzes berücksichtigt werden. Östlich und südöstlich von Volkenroda—Pöthen wurde durch mehrere Erdgasbohrungen eine stärkere Verbreitung des Hartsalzstreifens nachgewiesen. Obwohl die Teufen wie in Volkenroda—Pöthen bei 1000 bis 1050 m liegen, ist hier durch die größere Steinsalzmächtigkeit die Möglichkeit einer besseren Mechanisierung (Großraumstrecken) gegeben.

Im Bereich der Allmenhäuser, Kirchheilinger, Langensalzaer und Fahner Aufwölbung treten wahrscheinlich ebenfalls abbauwürdige Hartsalzlager in Teufen von ca. 950 bis 1050 m auf. Jedoch dürfte sich hier eine Überschneidung mit den Erdöl- bzw. Erdgasinteressen ergeben. In der Erfurter Mulde liegt das Kalilager in zu großer Teufe, so daß erst im Gebiet des Sprötauer Gewölbes wieder Teufen von weniger als 1200 m (ca. 1150 m) zu erwarten sind. In ähnlichen Teufen liegt das Kalilager auch in den Bohrungen Hardisleben und Buttstädt. Vorteilhaft ist beim Hartsalzstreifen zwischen Ettersberg und Finnestörung die große Mächtigkeit des Staßfurt-Steinsalzes von ca. 50 bis 100 m.

Eine sehr günstige Teufenlage (700 bis 800 m) besitzt der vermutete Hartsalzstreifen zwischen Finnestörung und dem Hartsalzschacht Orlas und der Bohrung Disse, der sich zu den Schächten Georg-Unstrut, Nebra, Wendelstein und Roßleben fortsetzt. Auch hier ist eine größere Steinsalzmächtigkeit anzunehmen. Der vermutete Hartsalzstreifen besitzt wahrscheinlich eine kieseritische Ausbildung. Ob das in den Schächten „Walter" und „Irmgard" angetroffene bauwürdige Hartsalz (0,85 m Na 2r, 4,97 m Hartsalz, 37,0 m Carnallit, 2,0 m Hartsalz) lokaler Natur ist oder mit den Hartsalzstreifen von Sondershausen bzw. Roßleben zusammenhängt, kann nicht entschieden werden. In der Karte wurde es nicht in den Hartsalzstreifen einbezogen.

Zusammenfassung

Anhand einer Verbreitungs- und Fazieskarte des Kalilagers Staßfurt im Thüringer Becken und der Erörterung der Becken- bzw. Randfazies der umgebenden Schichten ergibt sich für das Kalilager Staßfurt eine großräumig primäre bis frühdiagenetische Faziesdifferenzierung. Epigenetische Prozesse besitzen nur lokale Bedeutung. Auf Grund der genetischen Schlüsse wird die Hartsalzhöffigkeit des Thüringer Beckens erörtert und eine Konzeption für die Hartsalzerkundung aufgestellt.

Резюме

На основе карты распространения и фации калийного пласта „Штасфурт" в Тюрингском бассейне и при учете бассейной или периферийной фации окружающих слоев получается, что для калийного пласта „Штасфурт" надо принимать площадную, первичную — раннедиагенетическую фациальную дифференциацию. На основе генетических выводов обсуждается перспективность Тюрингского бассейна на твердую соль и дается концепция для разведки твердой соли.

Summary

A large area primary up to early diagenetic facies differentiation is shown by a map containing the extension and facies of the Staßfurt potash deposit in the Thuringian Basin in addition to the basin and marginal facies respectively of the surrounding beds. Epigenetic processes are only locally important. Based on genetic conclusions a discussion is presented on the hard salt bearing of the Thuringian Basin and a conception is given for its reconnaissance.

Literatur

BAAR, A.: Entstehung und Gesetzmäßigkeiten der Fazieswechsel im älteren Kalilager am westlichen Südharz unter besonderer Berücksichtigung des Kaliwerkes Bismarkshall. – Z. Kali, **38**, S. 175–181, S. 189–197, S. 207–211 (1944); Z. Kali, **39**, S. 3–6 (1945).

– Untersuchungen des Bromgehaltes im Zechsteinsalz. – Bergbautechnik, **4**, 5, S. 284–288, Berlin 1954.

– Entstehung und Gesetzmäßigkeiten der Fazieswechsel im Kalilager des Südharz. – Bergakademie, **4**, S. 138–150 (1952).

BORCHERT, H.: Ozeane Salzlagerstätten. – Verlag Gebr. Borntraeger, Berlin 1959.

BUDZINSKI, H., H. LANGBEIN & E. STOLLE: Danburit im Zechstein des Südharzes. – Chemie der Erde, **20**, 2, S. 53–70, Jena 1959.

D'ANS & KÜHN: Über den Bromgehalt von Salzgesteinen der Kalisalzlagerstätten. – Kali, **34**, H. 4, 5 und 6 (1940).

DEUBEL, F.: Kaliführende und kalifreie Gebiete des Thüringer Beckens i. M. 1:200000. – Manuskript vom 14. 8. 1946.

DIETRICH, M.: Der präsalinare Untergrund der Thüringer und Fränkischen Mulde. – Dipl.-Arbeit, Jena 1958.

DIETZ, E.: Tektonik und Salz des Unteren Eichsfeldes. – Abh. preuß. geol. Landesanst., N. F., H. 95, Berlin 1923–1925.

FULDA, E.: Die Zechsteinformation in der Gegend von Halle und Merseburg. Nach den Ergebnissen von Tiefbohrungen dargestellt. – Jb. preuß. geol. Landesanst., XLIX, S. 685–715, Berlin 1928.

GAERTNER, H.: Der untere Teil der Staßfurtserie im Gebiet des Thüringer Beckens auf Grund neuerer Bohrungen. – Dipl.-Arbeit, Jena 1954.

– Paläogeographie und Faziesentwicklung im mittleren und höheren Teil des Zechstein 1 zwischen Harz und Thüringer Wald. – Dissertation, Jena 1958.

HEIDORN, F.: Der bituminöse Untergrund der Älteren Salzfolge und seine Bildungsbedingungen. – Zbl. Mineralog. Geol. Paläontol. Abt., B., S. 446 bis 462, Stuttgart 1935.

HOPPE, W.: Die Bedeutung der geologischen Vorgänge bei der Metamorphose der Werra-Kalisalzlagerstätten. – Freib. Forsch.-H., A 123, S. 41–60, Akademie-Verlag, Berlin 1958.

HOYNINGEN-HUENE, E. V.: Die Texturen der subsalinaren Anhydrite im Harzvorland und ihre stratigraphische und fazielle Bedeutung. – Geologie, **6**, Beih. Nr. 18/1957, Berlin 1957.

JUNG, W.: Zur Feinstratigraphie der Werraanhydrite (Zechstein 1) im Bereich der Sangerhäuser und Mansfelder Mulde. – Geologie, **7**, Beih. Nr. 24, S. 1–88, Berlin 1958.

– Das Steinsalzäquivalent des Zechstein 1 in der Sangerhäuser und Mansfelder Mulde und daraus resultierende Bemerkungen zum Problem der Jahresringe. – Ber. geol. Ges. DDR, **4**, S. 313–325, Berlin 1959.

LANGBEIN, R. & G. SEIDEL: Zur Geologie im Gebiet des Holunger Grabens (Ohmgebirgsgrabenzone). – Geologie, **9**, S. 36–57, Berlin 1960.

LOTZE, F.: Steinsalz und Kalisalz I. – Verlag Borntraeger, Berlin 1957.

RICHTER, G.: Zur vergleichenden Stratigraphie des Zechsteins in Mitteldeutschland. – Z. Kali, **35**, H. 12, S. 194, 1941; Z. Kali, **36**, H. 1, S. 4, Halle 1942.

RICHTER-BERNBURG, G.: Zur Frage der absoluten Geschwindigkeit geologischer Vorgänge. – Z. Naturwissensch., **37**, H. 1, S. 1–8, Berlin 1950.

– Über salinare Sedimentation. – Z. deutsch. geol. Ges., **105**, S. 593, Hannover 1955.

– Stratigraphische Gliederung des deutschen Zechsteins. – Z. deutsch. geol. Ges., **105**, S. 843–854, Hannover 1955.

SCHULZE, G. & H. SEYFERT: Der Bromgehalt an der Basis des Leinesteinsalzes und seine Beziehung zur Faziesdifferenzierung im Flöz Staßfurt. – Z. angew. Geol., **5**, S. 62–69, Berlin.

STOLLE, E.: Disharmonische Tektonik im Zechstein des Südharzgebietes. – Ber. geol. Ges., **4**, S. 299–312, Berlin 1959.

– Die Entstehung der Kalisalzlagerstätten unter besonderer Berücksichtigung des Südharzgebietes. – Vortrag in der Geol. Ges. der DDR, Sektion Jena, November 1959.

WALJASCHKO, M. G.: Die wichtigsten geochemischen Parameter für die Bildung der Kalisalzlagerstätten. – Freib. Forsch.-H., A 123, Akademie-Verlag, Berlin 1958.

Petrographie einer Kohlenlagerstätte in der Demokratischen Republik Vietnam

M. KRÁLIK & O. MALÁN, Prag

Im Herbst 1955 fand M. KRÁLIK während einer Reise von der Nationalchaussee Nr. 6 (Hanoi-Hoa Binh-Son La) nach dem Dorfe Van Say am Schwarzen Flusse (Tonkin) in der Nähe der Ansiedlung Muong Lom einen bisher nicht näher erforschten Kohlenausbiß von beträchtlicher Mächtigkeit. Durch mikropetrographische Flözuntersuchungen konnte das Alter des kohlenführenden Schichtenkomplexes, der keine anderen paläontologischen Beweise lieferte, wenigstens annähernd bestimmt werden.

Geologische Charakteristik des Fundortes

Die Ansiedlung Muong Lom liegt 800 m über dem Meeresspiegel an einem Pfade, der das Dorf Na Nga (an der Nationalchaussee Nr. 6) mit dem Schwarzen Fluß verbindet, etwa 25 km vom Bezirkssitz Yen Chan, zur Provinz Son La gehörig, entfernt (Abb. 2).

Über den geologischen Bau ist wegen der dichten Bewaldung, unzulänglicher topographischer Karten und der wegen Zeitmangel unmöglichen genaueren Untersuchung nur wenig zu sagen. Der umgebende Schichtenkomplex gehört nach seiner petrographischen Beschaffenheit wahrscheinlich zum Mesozoikum (verkarsteter Kalkstein und schwach sandige, graue Schiefer), teilweise anscheinend zur Trias. Die Alterseinstufung konnte jedoch nicht paläontologisch belegt werden.

Wenig entfernt stehen im Bett des Schwarzen Flusses auf großen Flächen Phyllite an. Jüngere Magmatite sind in diesem Teile Tonkins nicht bekannt. Intrusivgesteine und kristalline Schiefer kommen erst in einer Entfernung von über 50 km im Gebirge Fan Si Pan vor Tertiär wird in der nächsten Umgebung nicht angegeben Die Schichten wurden stark tektonisch beansprucht.

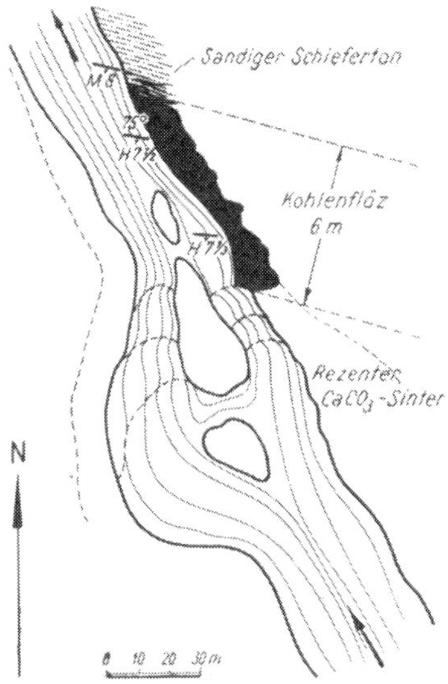

Abb. 1. Lageskizze

Das Liegende der kohleführenden Schichten ist gut aufgeschlossen. Das Flöz entwickelt sich langsam aus einem schwach verfestigten, gut geschichteten sandig-tonigen Sediment. Eine 0,5 m mächtige Sinterdecke bedeckt den oberen Teil des Flözes und das Hangende. Das Flöz ist 6 m mächtig, streicht H $7^1/_2$ und fällt mit 75° nach SW ein (Abb. 1).

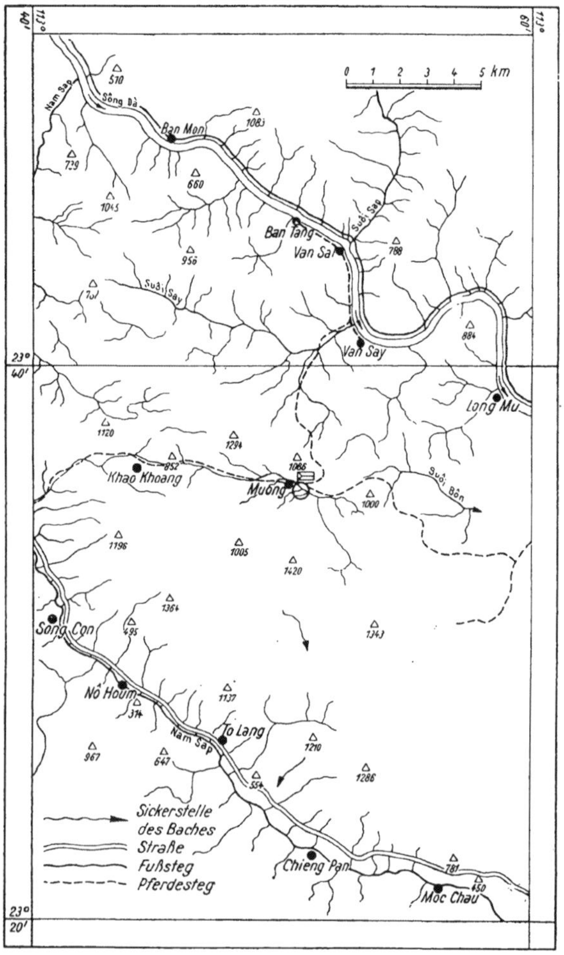

Abb. 2. Ausbiß des Kohlenflözes, südlich der Ansiedlung Muong Lom

Mikroskopische Untersuchung der Kohle

Verf. versuchten, einige der bei der petrographischen Untersuchung der Gefügebestandteile und Einlagerungen in der Kohle an Anschliffen mit Ölimmersion festgestellten mikropetrographischen Merkmale zur vorläufigen Altersbestimmung des kohleführenden Schichtenkomplexes auszuwerten. Doch gibt nach den bisherigen Erfahrungen die petrographische Ausbildung der Kohle, besonders innerhalb des Mesozoikums, keine eindeutigen stratigraphischen Hinweise. So geben z. B. H. HOFFMANN & K. HOEHNE (1958) bei der Beschreibung nord- und südamerikanischer Kohlen keine qualitativen Unterschiede zwischen Kreide- und Tertiärvorkommen an.

Zur Altersbestimmung der Flöze können jedoch die Reste saprophytischer oder parasitischer Pilze (Sklerotinit) mit herangezogen werden. Während der Sklerotinit der paläozoischen Kohlen beschrieben (E. STACH & W. PICKARDT 1957, O. MALÁN 1959) und die Brauchbarkeit der morphologischen Abänderungen der Sklerotien für die Stratigraphie des Karbons und Perms auf großen Territorien bekannt wurde, fehlen ähnliche Arbeiten für Kohlen der Übergangs- und Braunkohlenreihe. Trotzdem findet man in der umfangreichen petrographischen Literatur zahlreiche Angaben und Abbildungen von Pilzresten, die eine eindeutige stratigraphische Eingliederung der untersuchten Kohle erlauben. Es sei hier auf die charakteristischen Sklerotien und Sporen, die als *Sclerotites brandonianus*, *Sclerosporis cavatoglobosus* (früher als *Sclerotites cav.* bezeichnet), *Sclerotites multicellulatus*, *Sclerotites pediculatus*, *Sclerotites latus* bezeichnet werden, und auf zahlreiche verschiedene Formen der Teleutosporen, die für Tertiärkohlen typisch sind, verwiesen.

Mesozoische Kohlen, vor allem die altmesozoischen, wurden bisher auf diese Weise nicht untersucht. Der weitgehende Unterschied in den meisten Formen des paläozoischen und tertiären Sklerotinits (mit Ausnahme der Stromas und Myzelien der Pilze) bzw. der Sklerotien, läßt voraussetzen, daß in der Zwischenzeit, also während des Mesozoikums, bestimmte Arten ab- oder zunehmen werden, je nachdem sie aus dem Paläozoikum ins Mesozoikum übergreifen oder sich weiterentwickelten und bis ins Tertiär vorkommen. In Analogie zu anderen, in der Stratigraphie angewandten paläontologischen Methoden müssen auch hier die Assoziationen der Sklerotien beachtet werden. Die größte Schwierigkeit bildete das seltene Auftreten von Sklerotien und Sporen, die in dem Anschliffmaterial mühsam zusammengesucht werden mußten. Dies ist insofern interessant, als der Charakter der Kohle überwiegend inert ist und sklerotinitische „Gewebe" bzw. dessen Bruchstücke zusammen mit Fusinit und Semifusinit sehr häufig vorkommen. Wahrscheinlich kann dieser Mangel durch spezifische ökologische Bedingungen des Wachstums und der Fortpflanzung der Pilze erklärt werden. Weiter ist zu bemerken, daß nur sehr wenig Gattungen bzw. Arten von Sklerotien gefunden wurden. Die am besten erhaltenen Formen sind auf der Tafel, Bild 1, 2, 6, 8 und 9, abgebildet.

Unter den verschiedenen Typen lassen sich gut zwei Gruppen unterscheiden. Die erste Gruppe erinnert an die kompakten, unregelmäßig lumenartigen Sklerotien des Paläozoikums, meistens zur Gattung *Cellulasclerotes* PICKH. gehörig. Die zweite Gruppe bildet nur ein nachgewiesener tertiärer Typus der Gattung *Sclerotites brandonianus*. Diese Sklerotien (Bild 9), die nur in einigen Fällen beobachtet wurden, sind außergewöhnlich schlecht erhalten, immer stark vergelt und unterscheiden sich kaum von der geligen collinitischen Substanz.

Im allgemeinen ähneln die Sklerotien sehr den von E. STACH (1958) abgebildeten, stark vergelten Formen von Palembang (Sumatra). Im vorliegenden Falle führte die Vergelung zu noch stärkerer Vitrifikation. Die Größe beider Funde stimmt jedoch überein. Unter Vorbehalt können auch die vereinzelten Funde von gehäuften kugeligen Sklerotien mit einer Randzone und einer einzigen Höhlung in der Mitte (s. Bild 8) zur zweiten Gruppe gerechnet werden. Einen ähnlichen Typus beschreibt

---

Tafel. Schliffbilder

Bild 1, 2, 6, 8, 9: Sklerotien; Bild 4, 5: Vertikalschnitt durch einen Pilzfruchtkörper; Bild 3: Mikrokonkretionen von Pyrit; Bild 7: gelifizierter Vitrinit in Collinit eingebettet; Bild 10, 11: fusinitische Lagen in verschiedenen Stadien der Vergelung (weitere Bilderklärungen im Text)

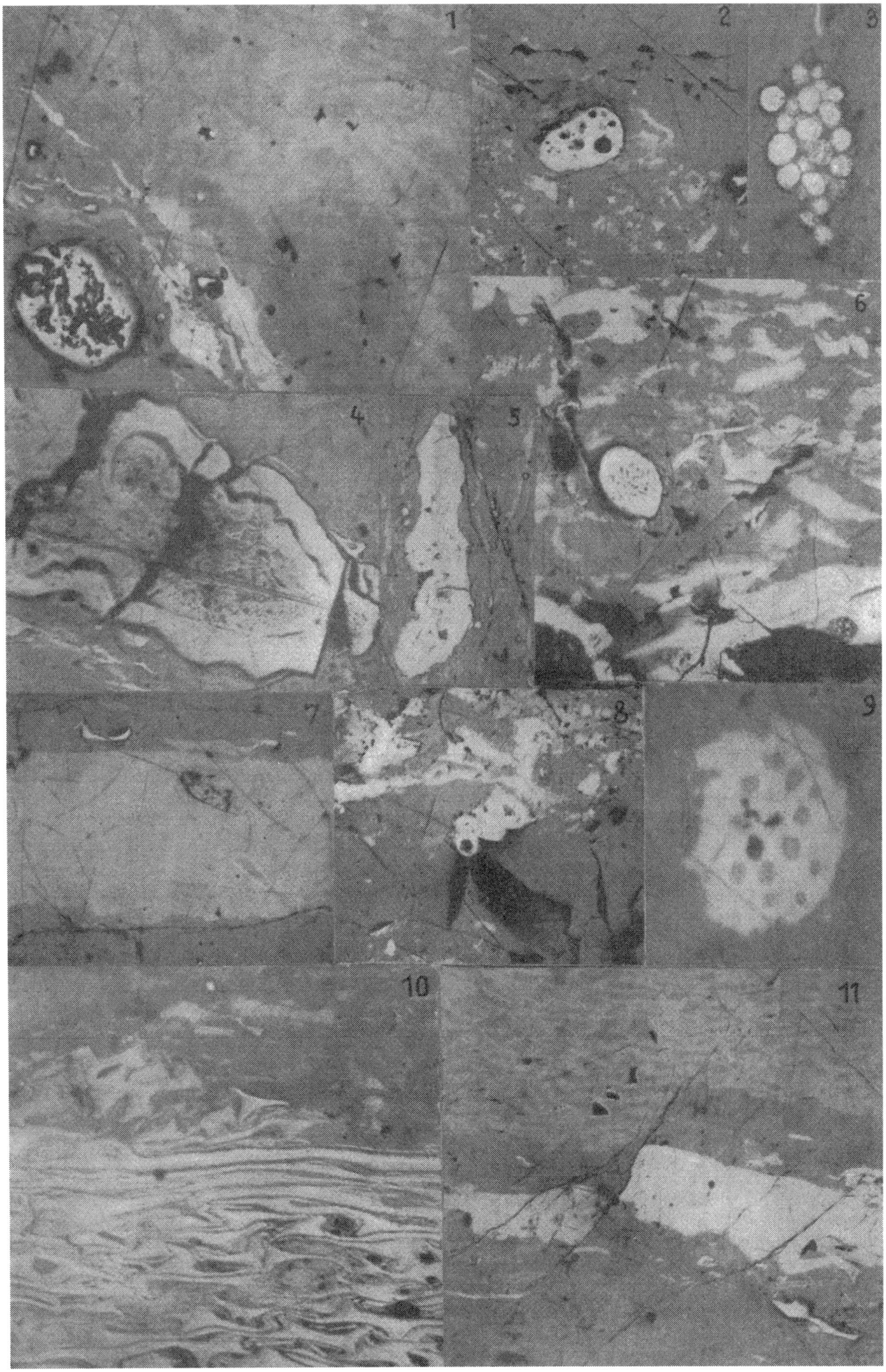
1
2
3
4
5
6
7
8
9
10
11

zum Beispiel E. STACH (1935, S. 72, Abb. 42) in seinem Lehrbuch der Kohlenpetrographie aus einer kolumbianischen Tertiärkohle. Die paläozoischen Sklerotien (Bild 1 und 6), die O. MALÁN in den vietnamesischen Kohlenproben fand, stimmen sehr gut mit ähnlichen Sklerotien aus den höchsten Schichten des Karbons (Stefan) und aus dem Perm tschechoslowakischer Kohlenvorkommen überein. Besonders häufig sind ovale Sklerotien mit hohem Relief und dicker Randzone, die in eine poröse Zentralzone übergeht (Bild 6).

Dieses an Zahl und Gattung arme Material läßt auf einen Übergangscharakter und auf ein mesozoisches Alter der Kohle schließen, da neben vereinzelten Sklerotien der typisch tertiären Gattung *Sclerotites* überwiegend an Karbon erinnernde Formen gefunden wurden.

Auf Grund dieses mikropetrographischen Bildes und der geologischen Stellung kann man auf einen unter- bis mitteltriadischen epikontinentalen Schichtenkomplex schließen.

Die Myzelien und Stroma zeigen in paläozoischen und tertiären Kohlen keine morphologischen Unterschiede und wurden immer mit Fusinit oder Semifusinit vergesellschaftet und oft mit einer gelartigen Substanz gefüllt gefunden.

Die Bilder 4 und 5 (45—300 × vergrößert) zeigen einen Vertikalschnitt durch den Pilzfruchtkörper (Stroma) eines Pilzes. Bei der stärkeren Vergrößerung läßt sich der Teil des Stroma, der durch ein inneres „Geflecht" von dicht durchflochtenen Pilzhyphen gebildet und von der homogenen, stark hervortretenden und dichten Randzone scharf getrennt ist, beobachten. Diese Zone greift an einigen Stellen bilateral lappig in das Innere des Pilzfruchtkörpers und bildet eine unscharfe Einstülpung. Dieser Fund läßt sich nach dem heutigen Stand unserer Kenntnisse über fossile Pilze leider nicht näher systematisch auswerten. In einigen stark inerten Kohlenlagen konnten zahlreiche, außergewöhnlich stark gestreckte Syrrozien beobachtet werden. Einmal wurde Sklerokoll bestimmt, der für karbonifizierte Schleimabsonderungen der Pilze gehalten wurde.

Da ein mikroskopisches Profilieren des Flözes nicht möglich war, wird nun ein grobes Bild des mikropetrographischen Baues der Kohle gegeben.

Vorerst muß betont werden, daß der hohe Aschengehalt nur in bestimmten Lagen des Flözes auftritt. In diesen Lagen ist in der Kohlensubstanz Ton fein eingestreut oder bildet mit Vitrit einen Brandschiefer. Reine Kohle wurde unter dem Mikroskop lagenartig in zweierlei Entwicklung beobachtet:

Vitritisch mit überwiegend strukturlosem Collinit (in Ölimmersion ohne Ätzung bestimmt), häufigen Mikrokonkretionen von Pyrit (Bild 3) und vereinzelten undeutlichen Kutikulen. Die vitrit-duritische Entwicklung überwiegt auf Grund eines allgemeinen primären Mangels an Exinit (Mikro- und Megasporen). Als Exinit ist größtenteils Kutinit vertreten. Einzelne Kutikulen und vereinzelte Megasporen sind nebelig grau bis (in einigen Lagen) bräunlichgrau und weisen durch den unterschiedlichen Erhaltungsgrad auf verschiedene Bildungsbedingungen des Flözes schon bei der primären Inkohlung hin.

Die chemische Untersuchung des Inkohlungsgrades zeigt, daß der fortgeschrittene Grad der Destruktion des Exinits der wirklichen Inkohlung, festgestellt nach dem Gehalt an flüchtigen Bestandteilen und Kohlenstoff sowie dem Kalorienwert, nicht entspricht.

Die Übergangspartien zwischen strukturellem, vorwiegend stark vergeltem Vitrinit (Telinit) und inerter Kohlensubstanz (Bruchstücke von Mikrinit, Sklerotien und Fusinit) — vitrit-duritische Fazies — enthalten den meisten Pyrit. Auf der Tafel sind typische Beispiele dieser Entwicklung dargestellt.

In Bild 1 ist stark zerstörtes Holzgewebe mit helleren Zellenwänden sichtbar. Die Einbettung eines etwas schwächer gelifizierten Vitrinits, eines unzerstörten Bruchstücks eines peridermatischen Gewebes, in Collinit zeigt Bild 7. Ein ausgeglichenes Verhältnis des humosen und inerten Anteils (weiße Partien) zeigt das Bild 6. Die Bilder 10 und 11 lassen Lagen fusitischen Gewebes in verschiedenen Stadien der Vergelung und dadurch auch verschiedenen Reflexionsvermögens erkennen. Am meisten vergelt ist der mikrotektonisch beanspruchte Fusinit im oberen Teil des Bildes 11, dessen Zellwände nur geringes Reflexionsvermögen zeigen. Die Fusinitlage (Abb. 10, unten) ist im linken und oberen Teil vergelt und geht in eine nicht humifizierte Partie über. Das höchste Reflexionsvermögen weist ein Bruchstück von Semifusinit, das nur wenig von der humosen Substanz durchdrungen ist, auf (Bild 11, unten).

Während andere Kohlen nur ausnahmsweise durch vitrit-duritische Übergangsstufen charakterisiert werden, sind diese bei den vorliegenden Kohlen ausschlaggebend. Exinit tritt stark akzessorisch auf, Resinit wurde nicht beobachtet.

Bestimmung des Inkohlungsgrades

Im allgemeinen kann bei der mikroskopischen Analyse teils nach dem Grade der Assimilation des Exinits, teils nach dem Stande der Homogenisierung der Kohle, die sich u. a. auch im Reflexionsvermögen des Vitrits offenbart, auf den Grad der Inkohlung geschlossen werden. Doch stehen im vorliegenden Fall, was besonders für die Genese des Flözes bemerkenswert ist, der Grad der Assimilation und der Homogenisation im Gegensatz zueinander. Der ziemlich gebleichte bis kaum erkennbare Exinit (Megasporen) läßt einen Anteil an flüchtigen Bestandteilen von rund 29% annehmen, d. h., daß der Exinit den Metatypen unter dem Inkohlungssprung aus der Zone der kritischen Metamorphose entspricht, die als Fettkohlen charakterisiert werden. Andererseits weisen der Grad der Homogenisation der Kohle und größere beim Polieren entstehende Unterschiede im Relief auf eine „angenäherte" Übereinstimmung mit der chemischen Analyse hin:

% in der waf. Substanz	
Flüchtige Stoffe	35,0
C	82,2
H	4,3
N	2,1
S	5,5

Diese Werte zeigen eine gute Übereinstimmung der Proportion zwischen den Gehalten von Kohlenstoff und flüchtigen Bestandteilen (in waf. Substanz), die typisch für Gasflammkohlen höheren Inkohlungsgrades ist.

Obwohl die Erklärung des Vorkommens hochassimilierten Exinits in verhältnismäßig schwach inkohlter Kohle sicherlich von großem Interesse wäre, soll dieses Problem von den Verf. nicht behandelt werden. Verf. setzen nur voraus, daß für die Inkohlung des Flözes die biochemische Phase der Zerstörung des Pflanzenmaterials ausschlaggebend war. Das Ausgangsmaterial war demnach abwechselnd anaeroben und aeroben Bedingungen ausgesetzt, was natürlicherweise die Art der chemischen Reaktionen im Moor änderte und einen

Wechsel von Oxydations- und Reduktionsphasen mit hydrolytischen Vorgängen verursachte und die Entwicklung von Bakterien und Pilzen bedingte.

Während der Überflutung des Moores mit Frischwasser bildete sich wahrscheinlich der größte Teil der Huminsäuren, die den Attritus der unvollkommen zerstörten Pflanzengewebereste (mitsamt dem durch Oxydation entstandenen „Zersetzungsfusinit") imprägnierten. Das könnte zur starken „Bleichung" der wenig zahlreichen Protobitumenkörperchen durch Vergelung geführt haben.

Andererseits ist nicht ausgeschlossen, daß die Zerstörung der Sporen durch erhöhte Zufuhr atmosphärischen Sauerstoffs während des Emportauchens des Moores möglich war, wodurch die unregelmäßige Bleichung des Exinits erklärt werden könnte.

Die Ge- und V-Gehalte wurden analytisch bestimmt, doch haben die Resultate keine wirtschaftliche Bedeutung:

Ge in der Asche 0,0021%
Ge in der Kohle 0,000088%
V nicht gefunden

Zusammenfassung

Das gefundene Flöz ist wahrscheinlich altmesozoischen Alters und hinsichtlich der gebleichten Zonen interessant. Die vitrit-duritische Entwicklung überwiegt, während die Exiniteinlagerung stark vitritisiert ist. Es wurde der Versuch unternommen, mit Hilfe der mikroskopischen Analyse den Inkohlungsgrad der Kohle zu bestimmen.

Die Kohle entspricht chemisch der Gasflammkohle, und der Exinit wurde wahrscheinlich durch die Wirkung gelifizierender Huminsäure gebleicht.

Резюме

Найденный угольный пласт имеет вероятно древнемезозойский возраст, он представляет интерес в отношении зон обеления. Витрито-дуритовое развитие преобладает, между тем как включения эксинита сильно витритизированы. Был сделан опыт с помощью микроскопического анализа определить степень метаморфизации угля.

Химически уголь соответствует длиннопламенному углю; эксинит, вероятно, был обелен под воздействием гелифицирующих гуминовых кислот.

Summary

The seam found is presumably of old mesozoic age and is interesting because of its bleached zones. The vitrite-duritic development predominates, while the exinite intercalation is considerably vitritized. An attempt was made to determine the degree of coalification with the aid of a microscopic analysis.

Chemically the coal corresponds to the open-burning coal, and it is probable that the exinite was bleached by the action of gelifying humic acid.

Literatur

ABRAMSKI, C., M. TH. MACKOWSKY, W. MANTEL & E. STACH: Atlas für angewandte Steinkohlenpetrographie. — Verlag Glückauf, Essen 1951.

HOFFMANN, H. & K. HOEHNE: Les propriétés pétrographiques et rhéologiques des charbons du crétacé et du tertiaire des bassins de l'ouest de l'Amérique du Nord et de l'Amérique du Sud. — Numero special: Compte rendu du colloque intern. de pétrologie appliqué des charbons. Revue de l'industrie minérale, Paris 1958.

MACKOWSKY, M. TH.: Probleme der Inkohlung. — Brennstoff-Chemie, **34**, Nr. 11/12, S. 182—185 (1953).

MALÁN, O.: Sklerotinit in tschechoslowakischen permokarbonischen Kohlen. — Freib. Forsch.-H., C 50, S. 117—142 (1959).

STACH, E.: Lehrbuch der Kohlenpetrographie. — Verlag Borntraeger, Berlin 1935.

— Die Vergelung (Gelifikation) beim Übergang von Weichbraunkohle in Hartbraunkohle. — Braunkohle, Wärme und Energie, **10**, H. 7/8, S. 163—165 (1958).

— Le sclérotinite et son importance pour l'origine de la durite. — Annales des Mines de Belgique, Ière livr., S. 73—89, 1956.

STACH, E. & D. CHANDRA: Petrographische Studien am Braunkohlensklerotinit. — Braunkohle, Wärme und Energie, **8**, H. 23/24, S. 465—471 (1956).

STACH, E. & W. PICKHARDT: Pilzreste (Sklerotinit) in paläozoischen Steinkohlen. — Paläont. Z., **31**, H. 3/4, S. 139—162 (1957).

STUTZER, O. & A. DRAHT: Über eine im Abbau befindliche altmesozoische Braunkohle Polens. — Braunkohle, **30**, H. 20, S. 405—409 (1931).

Fehlertheorie und Rundungsintervall von Vorratsberechnungen

Teil II: Meßgenauigkeit und Rundung

KARL-HEINZ BINTIG, Berlin

I. Rundung und Genauigkeit von Meß- und Rechenwerten bei Vorratsberechnungen

Bei Vorratsberechnungen tritt die Frage der Genauigkeit von Werten an zwei Stellen auf: zunächst bei den in die Berechnung eingehenden Einzelwerten als Frage nach der notwendigen bzw. zweckmäßigen Meßgenauigkeit bei der Ermittlung jedes einzelnen Wertes der verschiedenen Parameter und dann bei den Mittel- und Endwerten als Frage nach dem beizubehaltenden Stellenumfang dieser errechneten Werte, also der Rechengenauigkeit. Von diesen beiden Fragen ist bisher nur die zweite in der Literatur behandelt worden (KOTSCHETOW 1960, TYCHNOW 1958, STAMMBERGER 1957). Ausgehend von der Tatsache, daß alle errechneten Werte in einer Vorratsberechnung auf Grund des Stichprobencharakters der Ermittlungsverfahren einen Fehler aufweisen, also ungenau sind, wird in diesen Arbeiten die Notwendigkeit der Rundung von Vorratsziffern dargelegt. Durch eine solche Rundung soll vermieden werden, daß durch die Angabe einer größeren Anzahl von Stellen eine tatsächlich gar nicht vorhandene Genauigkeit der Ergebnisse vorgetäuscht wird, die Rechenarbeiten unnötig kompliziert werden und die Gefahr des Auftretens von Rechenfehlern vergrößert wird. Solche Erscheinungen sind auch in der Praxis der Anfertigung von Vorratsberechnungen für Lagerstätten der DDR oft aufgetreten. Eine Lösung der Frage, wie die sich im Laufe einer Berechnung ergebenden Mittelwerte für die einzelnen Parameter und die Werte für die Mengen an Vorrat und an nutzbarer Komponente für jeden Block und für die ganze Lagerstätte zu runden sind, bringt also zweifellos Vorteile, besonders im Hinblick auf eine Vereinfachung der Berechnungen und der Bilanzierung.

Es liegt nun nahe, die Überlegungen über den Zusammenhang zwischen der tatsächlichen Genauigkeit der Werte und der anzugebenden Stellenzahl auch auf die Ausgangswerte jeder Berechnung, also auf die durch Probenahme und Analyse zu ermittelnden Einzelwerte, anzuwenden.

Während es sich bei der Rundung von Mittel- und Gesamtwerten darum handelt, daß die angegebene Stellenzahl mit der tatsächlichen Genauigkeit dieser Rechenwerte übereinstimmt (theoretisch lassen sich ja bei berechneten Werten beliebig viele Stellen angeben), muß bei den Einzelwerten die Aufgabe darin bestehen, die notwendige Meßgenauigkeit aus den mathematischen Kennwerten, wie Streuung, Variationskoeffizient und Mittelwert, der Wertegesamtheit für den jeweiligen Parameter, mit der dann eine Rechnung durchgeführt wird, abzuleiten, um damit die Frage der notwendigen Genauigkeit aller Messungen und Bestimmungen — insbesondere der Gehalte — zu lösen.

Der Grund dafür, daß eine getrennte Betrachtung der Einzelwerte und aller daraus abgeleiteten und berechneten Werte notwendig ist, liegt im Charakter der Ermittlung der Werte. Alle Einzelwerte können nur aus direkten Messungen erhalten werden, die eine bestimmte Genauigkeit aufweisen müssen, wobei der Aufwand für die Ermittlung der Werte oft wesentlich durch diese Genauigkeit bedingt ist, während alle abgeleiteten Werte rein rechnerisch ermittelt werden.

Mathematisch gesehen, besteht zwischen der Ermittlung der notwendigen Meßgenauigkeit und der Ableitung des Rundungsintervalles grundsätzlich kein Unterschied. Als Grundlage für beide Operationen dienen die Gesetze über den Zusammenhang zwischen der Genauigkeit und der Streuung der Werte, die im folgenden dargelegt werden.

II. Das Wesen der Rundung

Ein Wertekollektiv wie die Einzelwerte für Mächtigkeit oder Gehalt eines Blockes oder einer Auffahrung ist mathematisch durch zwei Kennwerte gekennzeichnet: durch den Mittelwert und die Streuung. Entscheidend für die Untersuchung und Lösung des gegebenen Problems ist nun, daß der Zahlenwert der Streuung eines solchen Wertekollektivs keine Konstante ist, sondern von der angegebenen Stellenzahl der einzelnen Werte abhängig ist. Dabei gilt allgemein, daß in einem bestimmten Rundungsbereich die mit der bekannten Formel aus den Quadraten der Differenzen der Einzelwerte zum Mittelwert zu berechnende Streuung eines Einzelwertes und damit die Streuung des Mittelwertes sich mit der angegebenen Stellenzahl der Einzelwerte verringert (wobei es gleichgültig ist, ob die damit gegebene Genauigkeit der Werte echt ist oder nur rechnerisch ermittelt wurde), daß sich also auch umgekehrt bei Verringerung der Stellenzahl, d. h. bei stärkerer Rundung der Werte, die Streuung gesetzmäßig vergrößert. Der Mittelwert dagegen verändert sich in diesem Rundungsbereich nur zufällig. Die Vergrößerung der Streuung bei Verringerung der angegebenen Stellenzahl der Werte durch eine geringere Meßgenauigkeit bzw. durch die Rundung von Rechenwerten wird durch eine dabei entstehende Zusatzvarianz, im folgenden Rundungsvarianz genannt, hervorgerufen. Es läßt sich nachweisen, daß die Größe dieser Rundungsvarianz eine Funktion der Größe der ursprünglichen Streuung und des in Einheiten dieser Streuung festgelegten Rundungsintervalles ist. Für normalverteilte Einzelwerte lassen sich die Beziehungen formelmäßig ausdrücken und damit die Rundungsvarianz mathematisch eindeutig berechnen. Die notwendigen Überlegungen und Ableitungen finden sich bei HENNING (1954), DUNIN-BARKOWSKIJ & SMIRNOW (1955) und im ISO-Dokument ISO/TC 69 (1951).

HENNING (1954) schreibt: „Sowohl beim Ablesen und Aufschreiben der einzelnen Meßwerte als auch im Zusammenhang mit der Berechnung von Mittelwert und Standardabweichung erhebt sich häufig die Frage, mit wieviel Stellen die Daten anzugeben sind. Es leuchtet ein, daß um so mehr Stellen beibehalten werden können, je geringer die Schwankung der Einzelwerte ist. Bei Mittelwert und Standardabweichung spielt außerdem die Anzahl der Werte eine Rolle. Von diesen Gesichtspunkten her lassen sich Regeln angeben, wie weit zu runden ist. Sie gehen von den zufallsmäßig bedingten Schwankungen als Basis aus. Um sie anwenden zu können, muß gefordert werden, daß die Standardabweichung des zu prüfenden Merkmals wenigstens angenähert bekannt ist. Erforderlichenfalls muß man sich daher durch eine Voruntersuchung einen solchen Näherungswert verschaffen. Ist das geschehen, dann läßt sich für das Rundungsintervall (englisch: rounding interval), d. i. die Einheit der letzten angegebenen Stelle oder auch die kleinstmögliche Differenz zwischen zwei gerundeten Werten, eine obere Grenze angeben. Diese Grenze darf nicht überschritten werden. Sonst wird durch die Rundung in die Daten eine Unsicherheit hineingebracht, welche die durch die zufälligen Schwankungen gegebene Unsicherheit übersteigt. Die Rundung würde dann einen Verlust an Information mit sich bringen."

Diese Darlegung gilt natürlich in gleicher Weise auch für die Meßgenauigkeit. Die bei HENNING erwähnte obere Grenze für das Rundungsintervall eines Einzelwertes wird von der ISO mit $h_{max} = 0{,}6\,s$ angegeben. Dieser Wert ergibt sich aus folgender Überlegung: Ist s^2 die ursprüngliche Varianz eines Einzelwertes, s_R^2 die durch das Runden entstehende Zusatzvarianz und h das Rundungsintervall, so ergibt sich der Wert für die Rundungsvarianz aus der Formel

$$s_R^2 \approx \frac{(h\,s)^2}{12}$$

(der vollständige Ausdruck ist eine Reihe, von der jedoch praktisch nur das angeführte erste Glied zahlenmäßig von Bedeutung ist) und damit die Gesamtvarianz eines Einzelwertes einschließlich der Rundungsvarianz zu

$$s^2_{gesamt} = s^2 + s_R^2 = s^2 + \frac{(h\,s)^2}{12}$$

Praktisch liegt hier also wieder der Fall vor, daß mehrere Fehlerquellen auf ein Ergebnis einwirken.

Für einen Mittelwert aus n Einzelwerten (wobei $n \geqq 6$ sein soll) gilt nach dieser Festlegung, daß die obere Grenze seines Rundungsintervalles um den Faktor $1/\sqrt{n}$ kleiner anzusetzen ist als die für einen Einzelwert ermittelte.

Die Gleichung für s_R^2 gilt für den Bereich $h \leqq 2\,s$; wählt man das Rundungsintervall größer, können systematische Abweichungen des Mittelwertes auftreten. Bei einem $h = 0{,}6\,s$ (also noch weit unterhalb der theoretisch möglichen Grenze von 2 s) erhöht sich die ursprüngliche Varianz s^2 durch die Rundung entsprechend der Formel um

$$s_R^2 = \frac{0{,}36\,s^2}{12} = 0{,}03\,s^2$$

d. h. um 3%, und damit die Streuung s lediglich um rund 1,5%. Eine solche Erhöhung der Streuung wird als zulässig angesehen. Dieser Wert von 1,5% stellt zudem noch ein Maximum dar, das in praktischen Fällen gar nicht erreicht wird, weil ja nicht bei allen Einzelwerten das volle Rundungsintervall ausgenutzt wird. Das tatsächliche Rundungsintervall beträgt nur rund $^2/_3$ des jeweilig festgelegten maximalen Rundungsintervalles, und die tatsächliche relative Erhöhung der Varianz und der Streuung beträgt in diesem Fall folglich 1% bzw. 0,5%. In der Tabelle 1 ist die maximale Erhöhung der Varianz bzw. der Streuung in Abhängigkeit vom Zahlenwert der Größe h (in Einheiten von s) dargestellt. Die ursprüngliche Varianz bzw. Streuung ist hier gleich 100% gesetzt. Die Werte der Tabelle

Tabelle

h (in s)	s^2 (%)	s (%)	h (in s)	s^2 (%)	s (%)
0,0	100,0	100,00	0,8	105,3	102,6
0,1	100,1	100,05	0,9	106,8	103,3
0,2	100,3	100,15	1,0	108,3	104,1
0,3	100,8	100,40	1,2	112,0	105,8
0,4	101,3	100,65	1,4	116,3	107,8
0,5	102,1	101,0	1,6	121,3	110,1
0,6	103,0	101,5	1,8	127,0	112,7
0,7	104,1	102,0	2,0	133,3	115,5

gelten für Normalverteilungen. Selbst wenn man berücksichtigt, daß in einigen Fällen die Gehaltswerte aus Lagerstätten bzw. den Berechnungseinheiten nicht normal verteilt sind und die Zusatzvarianz dort etwas größer ist als für normal verteilte Werte, so zeigt es sich doch, daß der Fehlereinfluß durch eine im üblichen Sinne grobe Rundung bzw. geringe Meßgenauigkeit meistens überschätzt wird. So wird z. B. bei einem Gehaltswertekollektiv mit Werten zwischen 0% und 2% und einem Mittelwert von 1%, also einer Streuung von $s \approx 0{,}3$, d. h. einem Variationskoeffizienten von 30%, eine Rundung der Werte bzw. eine Bestimmungsgenauigkeit auf 0,2% (es werden also die einzelnen Gehalte nur als 0,0, 0,2, 0,4, ..., 2,0% ermittelt) als relativ zu weitgehend und daher auch als unzulässig angesehen. Das Rundungsintervall in diesem Fall beträgt jedoch $h = 0{,}2 \approx 0{,}7\,s$ und damit die tatsächliche Erhöhung der Wertestreuung weniger als 1% des ursprünglichen Streuungswertes. Es zeigt sich also, daß in vielen Fällen eine weitgehende Rundung bzw. eine Verringerung der Bestimmungsgenauigkeit erfolgen kann, ohne daß eine merkliche Verringerung der Gesamtgenauigkeit auftritt — eine Schlußfolgerung, die sich dann auch an praktischen Beispielen bestätigt. Die Aufgabe im Hinblick auf die Meß- bzw. Rechengenauigkeit besteht also darin, die Grenze festzulegen, bis zu der eine Verringerung der Meßgenauigkeit noch zulässig und zweckmäßig ist, bzw. die Stellenzahl zu ermitteln, bis zu der eine Angabe von Rechenwerten noch sinnvoll ist.

III. Ermittlung und Rundung von Meßwerten und Vorratsziffern

1. Meßgenauigkeit und Rundungsintervall von Einzelwerten

Es wurde gezeigt, daß eine Verminderung der Meßgenauigkeit ebenso wie eine Rundung in einer Erhöhung der Wertestreuung zum Ausdruck kommt. Wenn festgelegt wurde, welche Erhöhung der ursprünglichen Streuung noch als zulässig angesehen werden kann, dann ist der tatsächliche Wert für das Rundungsintervall bzw. für die Meßgenauigkeit lediglich eine Funktion der Wertestreuung im jeweils vorliegenden Wertekollektiv. Es läßt sich an Hand der Formel für die Rundungsvarianz leicht einsehen, daß es sinnlos ist, die Einzelwerte einer Gesamtheit mit einer großen Wertestreuung durch ein Meßverfahren mit einer hohen Genauigkeit zu ermitteln. Diese Überlegung gilt wegen der Vielzahl der Einzelbestimmungen und der besonders bei genauen Analysenverfahren oft recht hohen Kosten in erster Linie für die Bestimmung der Gehaltswerte, die ja fast ausschließlich durch chemische Verfahren erfolgt. Mit steigender Genauigkeit eines Analysenverfahrens erhöhen sich im allgemeinen auch die Kosten einer Bestimmung, so daß durch die Möglichkeit, andere Verfahren mit einer geringeren Genauigkeit anzuwenden, Kosten eingespart werden. Es sei hier nur das Beispiel der Analysen von Kupferschieferproben angeführt. Die auf den Schächten übliche kolorimetrische Bestimmung der Cu-Gehalte, bei der die Werte auf 0,1% angegeben werden, würde auch für die Vorratsberechnung vollständig ausreichen, so daß die Verwendung des elektrolytischen Verfahrens mit Angabe der Gehaltswerte auf 0,01%, das wesentlich teurer ist, stark eingeschränkt werden könnte.

Für die Bestimmung der anderen Parameter einer Vorratsberechnung, die durch Einzelmessungen ermittelt werden, also Mächtigkeit und Raumgewicht, hat eine Verringerung der Meßgenauigkeit keinen so großen Einfluß auf die Kosten, weil die Anzahl der Raumgewichtsbestimmungen meistens gering ist und bei den Mächtigkeitsbestimmungen der Aufwand für die beiden überhaupt möglichen Varianten — Bestimmung auf Zentimeter oder Dezimeter — sowieso kaum unterschiedlich ist.

Ausgehend von diesen Überlegungen wurde nun eine Reihe von Wertekollektiven aus vorhandenen Vorratsberechnungen für Lagerstätten der DDR auf eine mögliche Verringerung der Meßgenauigkeit der Einzelwerte hin untersucht. Die Zweckmäßigkeit einer solchen Untersuchung ergibt sich schon aus einem bloßen Vergleich der ungefähren Wertestreuung dieser Kollektive mit der fast ausnahmslos sehr hohen Genauigkeit der angewendeten Analysenverfahren, wodurch sich vielfach Meßgenauigkeiten bis zu einem Zahlenwert kleiner als 0,1 s ergeben und damit die Möglichkeit, diese Meßgenauigkeiten praktisch ohne Fehlererhöhung des Ergebnisses zu verringern, nicht genutzt wird.

Als Kriterium für die Fehlererhöhung diente bei den untersuchten Beispielen jedoch nicht die relative Differenz zwischen der ursprünglichen und der sich nach der Rundung ergebenden Streuung, sondern der in der Praxis zur Beurteilung der Rundungsmöglichkeit besser geeignete, weil weitaus anschaulichere Wert für die relative Differenz zwischen den Mittelwerten aus den ungerundeten und den gerundeten Einzelwerten, d. h. die relative Abweichung vom jeweils als „richtig" anzusehenden ungerundeten Wert.

Dieses Verfahren erscheint auch noch aus einem anderen Grunde zweckmäßig. Für alle zu berechnenden Wertekollektive aus einer Lagerstätte — meist sind es die Werte jeweils einer Blockumgrenzung — muß zwangsläufig, da ja nur ein bestimmtes Analysenverfahren für alle Einzelproben angewendet werden kann, eine einheitliche Bestimmungsgenauigkeit der Einzelwerte festgelegt werden. Da nun sowohl die Streuung bzw. der Variationskoeffizient als auch die Anzahl der Einzelwerte für die Teilkollektive auf einer Lagerstätte stark schwanken können, läßt sich die unterschiedliche Auswirkung und damit die Zulässigkeit des gleichen Rundungsintervalles bei den unterschiedlichen Teilkollektiven besser an Hand der relativen Differenzen zum ursprünglichen Mittelwert beurteilen. Die Berechnung dieser relativen Differenzen erfolgte über die Summenwerte aus den ungerundeten und den gerundeten Einzelwerten.

Insgesamt wurden auf diese Weise 76 Wertekollektive aus verschiedenen Lagerstätten der DDR untersucht. Die Untersuchung erfolgte jeweils für die Gehalte an den nutzbaren Komponenten und in einem Fall für das Raumgewicht. Die Anzahl der in ein Wertekollektiv eingehenden Einzelwerte betrug 7—63; diese Werte entsprechen jeweils einer Auffahrung bzw. einer Bohrung in den Lagerstätten. Zur Auswertung wurden neben den Summen aus den gerundeten Einzelwerten (in Prozenten der Summe aus den ungerundeten Einzelwerten) noch die mit einem vereinfachten Verfahren — aus der Spannweite — berechneten Werte für die Streuung bzw. den

Variationskoeffizienten des jeweiligen Wertekollektivs verwendet. Ein Beispiel für die berechneten Werte eines solchen Kollektivs sei hier angeführt:

Schacht: Sondershausen
Komponente: K_2O
Bestimmung: analysiert auf 0,1% K_2O
Anzahl der Proben: 14
max. Gehaltswert: 17,7% K_2O
min. Gehaltswert: 8,7% K_2O
Streuung s: 1,5
Variationskoeffizient V: 13%
Summe der Gehaltswerte bei Rundung der Einzelwerte auf 1% K_2O: 100,7% (0,67)
Summe der Gehaltswerte bei Rundung der Einzelwerte auf 2% K_2O: 98,9% (1,35)

Die in Klammern hinter den relativen Summen stehenden Zahlen geben die Größe des jeweiligen Rundungsintervalles in Einheiten der Streuung der Wertegesamtheit an.

An Hand der Größe der relativen Differenzen bei den einzelnen Rundungsintervallen wurde nun versucht, für jede untersuchte Lagerstätte die Grenze festzulegen, bis zu der eine Verringerung der Bestimmungsgenauigkeit der Einzelwerte möglich ist.

a) Pechtelsgrün

Die nutzbare Komponente wird als WO_3 mit einer Analysengenauigkeit auf 0,01% bestimmt. Die Anzahl der Einzelwerte je Wertekollektiv — jeweils eine Blockseite — schwankt von 21 bis 63. Bei einer Verringerung der Bestimmungsgenauigkeit um eine Zehnerstelle auf 0,1% WO_3 erreichen die auftretenden relativen Differenzen zum ursprünglichen Mittelwert nur in einem Fall einen Wert von 2,4%; alle anderen Differenzen sind kleiner als 2%. Einseitige Abweichungen treten bei dieser Bestimmungsgenauigkeit in keinem Fall auf. Eine weitere Verringerung der Genauigkeit, wie z. B. auf 0,5% WO_3, bringt dann jedoch systematische Abweichungen durch den Wegfall der relativ häufigen Werte $< 0,25\%$ WO_3.

b) Brand-Langenau

An nutzbaren Komponenten werden Pb, Zn, As und Cu und ferner zur Pyritberechnung der Gesamtschwefel bestimmt. Sämtliche Komponenten werden auf 0,01% bestimmt; die Werte für Pb, Zn, As und Gesamtschwefel werden jedoch, bevor sie in die Berechnung eingehen, vom Bearbeiter auf 0,1% gerundet. Der Vergleich erfolgt deshalb über diese Werte. Die Anzahl der Einzelwerte beträgt hier 8—12, was einer Auffahrungslänge von rund 70—110 m entspricht. Die geringen Differenzen zwischen den Mittelwerten bei Bestimmung der Einzelwerte auf 0,1% und auf 0,5% und teilweise sogar noch auf 1,0% bei Pb, Zn, As und Gesamtschwefel zeigen, daß die rechnerische Rundung der auf 0,01% im Labor bestimmten Werte auf 0,1% für die Vorratsberechnung praktisch überhaupt keine Differenz hervorgerufen hat und daß hier ferner durchaus eine Bestimmungsgenauigkeit von 0,5% in Erwägung gezogen werden könnte. Eine Rundung auf ganze Prozent bringt in den Fällen, wo die kleinen Gehalte häufig sind, wie es bei Pb, Zn und As möglich ist, systematische Abweichungen. Für die Bestimmung des Gesamtschwefels dagegen könnte die Verwendung eines Bestimmungsverfahrens mit einer Genauigkeit auf 1% S erwogen werden. Für die Cu-Bestimmungen dagegen treten wegen der meist kleinen Spannweiten der Werte (in den Beispielen betragen diese 0,15, 0,30 und 0,05%) schon bei Verringerung der Genauigkeit auf 0,05% Cu relative Differenzen bis zu 10% auf.

Für diese Lagerstätte wurden — da für jede Einzelprobe ebenfalls das Raumgewicht bestimmt wird — die gleichen Berechnungen auch mit diesen Werten durchgeführt. Die Bestimmung erfolgt auf 0,01 g/cm³; es zeigt sich, daß bei einer Bestimmung auf 0,1 g/cm³ praktisch keine Differenzen auftreten und daß selbst eine Bestimmung auf 0,2 bzw. 0,5 g/cm³ noch keine wesentlichen Abweichungen bei den Mittelwerten hervorruft.

c) St. Egidien

Die nutzbare Komponente ist Ni, die mit einer Genauigkeit auf 0,01% bestimmt wird. Daneben wird noch der Gehalt an Fe auf 0,1% ermittelt. Die verwendeten Beispiele stellen Ergebnisse aus Bohrungen dar; die Anzahl der Einzelproben beträgt 5—19. Die Spannweite der Nickelwerte ist ziemlich gering (der Variationskoeffizient beträgt nur rd. 10—20%), jedoch treten auch bei einer Bestimmungsgenauigkeit der Einzelwerte auf 0,1% Ni relative Abweichungen von $>1\%$ offenbar nur selten auf, nämlich wenn die Wertestreuung sehr klein ist. Bei einer Bestimmungsgenauigkeit auf 0,5% Ni jedoch erscheinen, wie auch zu erwarten, größere Differenzen.

Die Fe-Bestimmungen liegen mit einer Genauigkeit auf 0,1% vor. Wie die Berechnungen zeigen, ist hier eine weitgehende Verminderung der Bestimmungsgenauigkeit möglich. Erst bei einer Genauigkeit auf 5% Fe treten in Einzelfällen größere Abweichungen auf, so daß selbst bei einer so relativ geringen Anzahl der Werte wie hier eine Genauigkeit auf 1% bzw. 2% Fe in jedem Fall und eine auf 5% Fe möglicherweise für die Vorratsberechnung ausreichen würde, zumal die Fe-Gehalte auf dieser Lagerstätte nur als Hilfsmittel dienen, um ein relativ konstantes Ni:Fe-Verhältnis im Fördererz zu halten.

d) Kleiner Fallstein

Die nutzbare Komponente ist Fe; die Bestimmung erfolgte auf 0,1%. Die Werteanzahl beträgt 7—22. Es ergeben sich im wesentlichen die gleichen Resultate wie für die Fe-Gehalte der Lagerstätte St. Egidien. Bei einer Bestimmungsgenauigkeit auf 1% Fe treten praktisch keine Differenzen auf; sie betragen auch bei einer Genauigkeit auf 5% Fe wegen der größeren Spannweite der Werte als in St. Egidien nicht mehr als rund 5% vom ursprünglichen Wert.

e) Ehrenfriedersdorf

Die nutzbaren Komponenten sind Sn und As; die Bestimmung erfolgt auf 0,01%. Die Werteanzahl in den untersuchten Beispielen beträgt 7—15 und entspricht jeweils einer Blockseite. Bei einer Verringerung der Genauigkeit der Bestimmung auf 0,05% Sn betragen die Differenzen maximal rund 5%; bei einer Genauigkeit auf 0,1% Sn muß in einzelnen Fällen bei geringen Wertestreuungen mit Differenzen bis zu 10% gerechnet werden. Für die As-Gehalte, die rund dreimal so hoch sind wie die Sn-Gehalte, sind die Differenzen bei einer Genauigkeit auf 0,1% bzw. 0,2% As nicht höher als rund 3%; bei noch geringerer Genauigkeit (auf 0,5% As) sind systematische Abweichungen zu erwarten.

f) „Glückauf", Sondershausen

Die nutzbare Komponente ist K_2O; die Bestimmung erfolgt auf 0,1%. Die Werteanzahl in den untersuchten Beispielen beträgt 7—14. Bei Verringerung der Genauigkeit der Bestimmung auf 1% K_2O sind nur in Einzelfällen, wenn die Wertestreuung sehr gering ist, relative Abweichungen der Mittelwerte von $>1\%$ zu erwarten. Auch bei einer Bestimmung der Einzelwerte auf 2% K_2O sind im Normalfall die Abweichungen nicht größer als rund 3—5%. Einseitige Differenzen sind erst bei noch geringerer Bestimmungsgenauigkeit der Werte zu erwarten.

g) Elbingerode

Die nutzbare Komponente ist S, die analytisch auf 0,01% ermittelt wird. In die Vorratsberechnung gehen auf 0,1% S gerundete Werte ein. Ausgewertet wurden Beispiele von Hammerbohrungen mit je 7—8 Einzelproben. Die Spannweite der Einzelwerte jeder Hammerbohrung ist relativ groß; bei einer Verringerung der Bestimmungsgenauigkeit auf 1% S liegen fast alle auftretenden Differenzen unter 1%. Größere relative Differenzen der Mittelwerte ($>5\%$) treten erst bei einer Bestimmungsgenauigkeit auf 5% S auf.

h) Edderitzer Mulde

Die nutzbare Komponente ist Cu, die analytisch auf 0,01% bestimmt wird. Die Einzelwerte der Beispiele stellen Werte je einer Bohrung dar; ihre Anzahl beträgt 8—13. Die Auswertung zeigt, daß selbst bei dieser relativ geringen Werteanzahl eine Verringerung der Bestimmungsgenauigkeit auf 0,1% Cu praktisch keine Differenzen hervorruft und erst bei einer Genauigkeit auf 0,5% Cu die Abweichungen der Mittelwerte größer als 5% werden können.

An Hand der Berechnungsergebnisse, der Gleichung für die Zusatzvarianz und der Kenntnis des ungefähren Variationskoeffizienten kann nun die Größe des zusätzlichen Fehlers bei den einzelnen Rundungsintervallen geschätzt werden. Damit wird es auch möglich, allein aus dem Variationskoeffizienten das jeweils etwa mögliche maximale Rundungsintervall zu bestimmen. Die Berechnung der Streuung s erfolgt als Näherungswert aus der Spannweite R, d. h. $x_{max} - x_{min}$, mit der Gleichung $s = R/6$ (die Gleichung liefert genaue Werte bei großen n und normal verteilten Werten). Der Variationskoeffizient V ergibt sich dann zu

$$V = \frac{s}{\bar{x}} \cdot 100\ (\%)$$

Obwohl die Gleichung für s hier nur Näherungswerte liefert, sind doch diese Werte für eine Beurteilung der Rundungsmöglichkeit ausreichend. Man kann nun annehmen, daß Wertekollektive mit einem Variationskoeffizienten bis zu rund 30% annähernd normal verteilt sind. Untersucht man daraufhin die Wertekollektive mit solchen Variationskoeffizienten aus den berechneten Beispielen auf den Zusammenhang zwischen dem Rundungsintervall in Einheiten von s und den relativen Differenzen, so zeigt sich, daß diese Differenzen für die Mittelwerte aus den jeweils n Einzelwerten bis zu einem Wert für das Rundungsintervall von $h \approx 2$ s die Größe von 5% nur selten überschreiten. Man kann also sagen, daß — unter Berücksichtigung eines gewissen Sicherheitsfaktors für das Rundungsintervall — für alle Lagerstätten mit einem nach dem angegebenen Verfahren berechneten Variationskoeffizienten der Einzelwerte bis zu rund 30% ein maximales Rundungsintervall, d. h. eine Verringerung der Bestimmungsgenauigkeit, bis auf rund 1,5 s möglich ist, ohne daß dabei unzulässig hohe Differenzen auftreten, wenn dabei die Anzahl der Einzelwerte — wie es immer der Fall sein wird — mindestens 5—10 beträgt. Für Lagerstätten mit einem höheren Variationskoeffizienten der in eine Berechnungseinheit eingehenden Einzelwerte liegt bei den gleichen Voraussetzungen die maximale Rundungsgrenze etwa bei 0,8—1,0 s. Die an Hand dieser Angaben zu berechnenden maximalen Rundungsintervalle werden jedoch aus den früher erwähnten Gründen nicht voll ausgenutzt, so daß die tatsächlichen relativen Differenzen der Mittelwerte noch geringer werden und schätzungsweise Werte von 2 bis 3% nicht übersteigen. Im Hinblick auf die Erhöhung der Streuung der Mittelwerte kann gesagt werden, daß bei einem festgelegten maximalen Rundungsintervall von 1,5 s bzw. 0,8—1,0 s die tatsächliche relative Erhöhung der Streuung annähernd 4—5% beträgt. Ein ursprünglicher Variationskoeffizient eines Mittelwertes würde sich also z. B. von 6% lediglich auf 6,3% erhöhen — eine Erhöhung der Streuung und damit eine Vergrößerung des Fehlers des Mittelwertes also, die praktisch ohne jede Bedeutung ist.

Im Zusammenhang mit den Untersuchungen ergibt sich noch eine Reihe von Schlußfolgerungen und Bemerkungen. Zunächst sei daran erinnert, daß die selbst bei relativ großer Ungenauigkeit der Bestimmung oft sehr kleinen relativen Differenzen zwischen den Mittelwerten aus den ungerundeten und den gerundeten Einzelwerten eine Folge des Fehlerausgleichs zwischen den Einzelwerten sind. Die absolute Differenz bei einem Einzelwert kann dabei maximal die Hälfte der Differenz zwischen zwei aufeinanderfolgenden möglichen Werteangaben betragen, also bei einer Genauigkeit auf 0,2% einen Wert von 0,1% erreichen (ein Einzelwert von 0,099% würde ja hierbei als 0% erscheinen). Es sind nun Fälle denkbar, bei denen — obgleich der Charakter der Einzelwerte eine weitergehende Verminderung der Genauigkeit gestatten würde, ohne daß unzulässige Differenzen bei den Mittelwerten auftreten — eine solche Verminderung der Genauigkeit nicht möglich ist, weil dann andere Arbeitsgänge, wie z. B. die Abgrenzung von Vorräten bei sehr niedrigem geologischem Schwellengehalt an Hand von Einzelwerten, nicht mehr mit der notwendigen Genauigkeit durchführbar sind.

Bei der Festlegung der Bestimmungsgenauigkeit ist zu beachten, daß die einzelnen zu berechnenden Teilobjekte einer Lagerstätte im Hinblick auf die für die auftretenden Differenzen entscheidenden Parameter, die Streuung und die Anzahl der eingehenden Werte, sehr unterschiedlich sein können. Man muß also die Bestimmungsgenauigkeit so festlegen, daß die Differenzen auch bei den im Hinblick auf eine Verminderung dieser Genauigkeit ungünstigen Objekten, d. h. den Teilkollektiven mit kleiner Wertestreuung und geringer Anzahl von Einzelwerten, den zulässigen Wert nicht überschreiten und daß keine systematischen Abweichungen auftreten.

Welcher Wert für eine Differenz noch als zulässig angesehen werden kann, wird nicht für alle Fälle gleich sein. Es ist hier zu entscheiden, für welche Lagerstätten- bzw. Auffahrungseinheit eine bestimmte Differenz des Mittelwertes noch zulässig ist. Die Werte der behandelten Beispiele repräsentieren zum großen Teil nur relativ kleine Teile einer Lagerstätte wie einzelne Auffahrungen oder sogar nur einzelne Aufschlußpunkte (wie die Hammerbohrungen). Die Mittelwerte für die ganzen in die Vorratsberechnung eingehenden Berechnungseinheiten, die Blöcke, haben dann wegen der jeweils höheren Anzahl der Einzelwerte eine weitaus kleinere Differenz zu den ursprünglichen Mittelwerten.

So weist z. B. der Mittelwert für den S-Gehalt aus 71 Einzelproben, d. h. sieben Hammerbohrungen, auf der Lagerstätte Elbingerode selbst bei einer Bestimmungsgenauigkeit der Einzelproben auf 1% S und sogar noch auf 3% S praktisch keine Differenz zum ursprünglichen Mittelwert aus den Werten mit einer Genauigkeit auf 0,1% S auf.

Die Einsicht, daß eine geringere Bestimmungsgenauigkeit als bei den gegenwärtigen Analysenverfahren zur Berechnung ausreicht, ist in einigen Fällen offenbar schon vorhanden, und zwar dort, wo vom Bearbeiter die analytisch mit hoher Genauigkeit ermittelten Werte gerundet werden, bevor sie in die Berechnung eingehen (z. B. bei S-Analysen Elbingerode und Pb-, Zn-, As- und Gesamtschwefelanalysen Brand-Langenau). Damit wird jedoch eine — wenn auch, wie gezeigt wurde, nicht notwendige — mit bestimmten Kosten ermittelte Genauigkeit „verschenkt". Die richtige Schlußfolgerung wäre hier die Anwendung eines einfacheren Analysenverfahrens mit geringerer Genauigkeit.

Zusammenfassend kann gesagt werden, daß selbst unter Berücksichtigung aller angeführten Umstände in vielen Fällen die Möglichkeit besteht, die analytische Bestimmung der Gehalte der Einzelproben an nutzbarer Komponente mit einer z. T. wesentlich geringeren Genauigkeit, d. h. mit einfacheren, billigeren und schnelleren Analysenverfahren, und praktisch ohne Verringerung der Genauigkeit der daraus berechneten Mittelwerte durchzuführen.

Diese Schlußfolgerungen gelten natürlich in gleicher Weise für alle Objekte, bei denen die Mehrzahl der anzufertigenden Analysen Einzelwerte darstellen, für die keine sehr hohe Bestimmungsgenauigkeit erforderlich ist, wie z. B. bei der laufenden Abbauprobenahme in Eisenerz-, Kali-, Schwefelkies- und anderen Lagerstätten oder bei der Probenahme von Fördererzen.

2. Rundung und anzugebende Stellenzahl bei Mittel- und Gesamtwerten

Für die Mittelwerte der einzelnen Parameter einer Vorratsberechnung und die Teil- und Gesamtmengenwerte existieren keine durch die Art oder das Verfahren der Bestimmung dieser Werte zwangsläufig gegebenen Grenzen für die Genauigkeit oder die Stellenzahl wie bei den Einzelwerten, da alle Mittel- und Gesamtwerte rechnerisch ermittelt werden. Die Notwendigkeit, die angegebene Stellenzahl bei diesen Werten mit ihrer tatsächlichen Genauigkeit in Übereinstimmung zu bringen, wurde schon früher an Hand der Ergebnisse der Arbeiten von KOTSCHETOW (1960) und TYCHNOW (1958) dargelegt. Während KOTSCHETOW von der Näherungsrechnung ausgeht und die Rechengenauigkeit von der jeweils ungenauesten Zahl einer Rechenoperation ableitet, kommt TYCHNOW nach einer Betrachtung der relativen Fehler der einzelnen Parameter zu dem Schluß, daß der Gesamtfehler der Mengenangaben bei Kohlenlagerstätten in jedem Fall mindestens 1% beträgt und daß deshalb die Vorratsziffern mit nicht mehr als drei Stellen anzugeben sind. Die Vorräte niedrigerer Kategorien sollten nach TYCHNOW nur bis zur zweiten Stelle angegeben werden. Zu etwa den gleichen Schlußfolgerungen im Hinblick auf die Endwerte von Erdöl- und Erdgasberechnungen gelangt auch KOTSCHETOW. Für die Einzelparameter gibt TYCHNOW an, daß der relative Fehler der Mächtigkeit je nach der absoluten Größe dieses Wertes 1—10% beträgt, die Mächtigkeit also auf zwei Stellen anzugeben ist, während die Werte für das Raumgewicht nach der Instruktion auf die Hälfte der dritten Stelle zu runden sind, hier also z. B. Werte von 2,75, 2,80 oder 2,85 erscheinen.

An Hand der Beziehungen zwischen der Größe des Rundungsintervalles h (in Einheiten der Streuung s) und der Streuung bzw. dem Variationskoeffizienten V eines Wertes läßt sich unter gleichzeitiger Berücksichtigung des zusätzlichen Fehlers ermitteln, welche Genauigkeiten in der Stellenangabe bei Vorratswerten überhaupt notwendig sind. Man kann annehmen, daß alle berechneten Teilmittel-, Mittel-, Teilmengen- und Gesamtmengenwerte mit ihren Variationskoeffizienten im Bereich von 1—20% liegen, wobei die Größe des Variationskoeffizienten sowohl vom Auswahlfehler als auch vom geologischen Fehler bestimmt wird. Lediglich die Summenwerte aus vielen Teilflächen werden bei genauer Flächenermittlung einen kleineren Variationskoeffizienten aufweisen.

Aus der Formel $h = a$ kann nun in Abhängigkeit von der Größe des Variationskoeffizienten, der Größe von a und der Größe des Mittelwertes die jeweils anzugebende Stellenzahl berechnet werden. Diese Berechnungen wurden für $V = 1, 2, 5, 10$ und 20% bei jeweils $a = 0{,}6$, 1,0, 1,5 und 2,0 durchgeführt. Es ergibt sich dabei, daß bei jeweils $h = 0{,}6\,s$ — also wenn die Streuung sich lediglich um 0,5%, d. h. praktisch gar nicht, erhöht — für alle auftretenden Werte überhaupt nur eine Angabe auf drei oder zwei Stellen in Frage kommt. Eine Angabe auf vier Stellen ist praktisch nur in Einzelfällen bei Gesamtflächensummen notwendig.

Eine Angabe auf drei bzw. zwei Stellen besagt, daß nur die ersten drei bzw. zwei Stellen der Zahl nach der Rundung angegeben werden (die Rundung selbst hat nach den bekannten Regeln zu erfolgen) und die darauffolgenden Ziffern durch Null ersetzt werden. Eine Null vor der ersten Ziffer hat dabei keinen Stellenwert, so daß z. B. der Wert 0,36 eine Angabe auf zwei Stellen darstellt. Dabei ist die bei einem bestimmten Variationskoeffizienten des Wertes anzugebende Stellenzahl unabhängig von der Größenordnung dieses Wertes. Es ist also gleich, ob ein Wert eine Größe von 0,96, 9,6 oder 96 hat.

Es läßt sich zeigen, daß die anzugebende Stellenzahl bei gleichem Rundungsintervall h und gleichem Variationskoeffizienten V teilweise vom Zahlenwert der ersten Ziffer des Mittelwertes abhängig ist. Das erklärt sich daraus, daß die relative Differenz zwischen zwei aufeinanderfolgenden gerundeten Werten bei kleinem Zahlenwert der ersten Ziffer des Mittelwertes, wie z. B. bei 1330 und 1340 (bei Angabe auf drei Stellen) größer ist als bei großem Zahlenwert dieser Ziffer, wie z. B. bei 8360 und 8370.

Es zeigt sich also, daß eine weitergehende Untersuchung über die Notwendigkeit der Differenzierung der anzugebenden Stellenzahl nicht notwendig ist. Rundet man, der geschätzten oder berechneten Größe der Variationskoeffizienten der einzelnen Parameter entsprechend, die berechneten Werte auf drei bzw. zwei Stellen, so beträgt auch die Erhöhung des Variationskoeffizienten des Produktes, also der Teil- oder der Gesamtmengenwerte, nur rd. 0,5%. Ein ursprünglicher Variationskoeffizient von 20% für einen Mengenwert würde sich also lediglich auf 20,1% erhöhen.

Wegen dieses sehr geringen zusätzlichen Fehlers ist es auch nicht notwendig, das Rundungsintervall, das sich bei Angabe der Stellenzahl in ganzen Zehnerpotenzen verändert, noch weiter zu unterteilen, wie dies bei der Bestimmungsgenauigkeit für die Einzelwerte in manchen Fällen — wenn die geeigneten Analysenverfahren vorliegen — durchaus zweckmäßig sein kann. Während dort erwogen werden könnte, ob man ein Analysenverfahren mit einer Genauigkeit auf 0,2 oder 0,5% verwendet, sind die Rechenwerte nur auf ganze Zehnerstellen, d. h. auf 0,1, 1,0, 10 usw. zu runden.

Die Überlegungen zeigen also, daß im Hinblick auf die anzugebende Stellenzahl eine weitgehende Verallgemeinerung für alle Vorratsberechnungen möglich ist — ein Ergebnis, das die Umsetzung dieser Erkenntnisse in die Praxis und die Arbeit an den Vorratsberechnungen und an der Bilanzierung der Vorräte wesentlich erleichtert.

Abschließend soll auf die anzugebende Stellenzahl der Mittelwerte der Parameter und der Teil- und Gesamtmengenwerte und auf den Rechengang im einzelnen eingegangen werden.

1. Fläche: Die Größenordnung von Einzelflächen in Vorratsberechnungen liegt in jedem Fall bei Hunderten von m^2 und darüber. Für Vorratsflächen $< 1000\ m^2$ ist eine Angabe auf zwei Stellen in den meisten Fällen, für Flächen $> 1000\ m^2$ eine Angabe auf drei Stellen in jedem Fall ausreichend.

2. Mächtigkeit: Da für die Mittelwerte der Mächtigkeiten neben dem Auswahlfehler noch ein geologischer Fehler in der Größenordnung von einigen Prozent existiert, sind alle Teilmittelwerte in der Größe < 1 m auf zwei Stellen, d. h. auf cm, anzugeben. Bei Werten in der Größe von 1—3 m sind drei Stellen anzugeben; liegt der Mittelwert höher, wie z. B. bei Eisenerz- und Braunkohlenlagerstätten, so sind die Werte auf zwei Stellen und dann bei Mächtigkeiten > 10 m wieder auf drei Stellen, d. h. auf Dezimeter, anzugeben.

3. Raumgewicht: Die Mittelwerte für das Raumgewicht können je nach der geschätzten Größe des Variationskoeffizienten auf zwei oder auf drei Stellen angegeben werden. Bei gleichmäßigen Kalisalzlagerstätten z. B. sollten also drei Stellen angegeben werden, während bei unterschiedlicher Zusammensetzung der Lagerstätte im Hinblick auf das Raumgewicht eine Angabe auf zwei Stellen genügt.

4. Gehalte: Alle Gehaltsmittelwerte sind — analog den Mächtigkeitswerten — bei einer Größe $< 1\%$ auf zwei Stellen und bei allen Gehalten $> 1\%$ auf Zehntelprozent, d. h. auf zwei bzw. drei Stellen anzugeben.

5. Teilmengen- und Summenwerte: Teilmengenwerte sind die Werte für die Mengen an Vorrat bzw. an nutzbarer Komponente je Berechnungseinheit. Diese Werte sind grundsätzlich nur auf drei Stellen anzugeben, also z. B. 286000 t Kalisalze und 18300 t K_2O.

Für die Summenwerte, d. h. den Gesamtflächenwert als Summe aller Teilflächen und die Gesamtmengenwerte für Vorrat und nutzbare Komponente, gilt das gleiche. Bei einer solchen Summierung kann das Rechenergebnis dann mehr Stellen aufweisen, z. B. dann, wenn die Summanden nicht in der gleichen Größenordnung liegen (z. B. 286000 t + 31500 t + 4960 t = 322460 t) oder wenn die Summe eine höhere Zehnerpotenz erreicht (z. B. 534000 t + 879000 t = 1413000 t). In beiden Fällen sind die Endsummen auf drei Stellen zu runden, d. h. das Ergebnis lautet hier 322000 t bzw. 1410000 t.

Der Rechengang bei allen Rechenoperationen einer Vorratsberechnung gestaltet sich zweckmäßigerweise so, daß bei der Multiplikation von Werten in den Zwischenergebnissen eine Stelle mehr als erforderlich zur Weiterrechnung beibehalten wird. Bei $F = 41700\ m^2$, $M = 2{,}27\ m$, $\gamma = 1{,}85\ g/cm^3$ und $p = 14{,}7\%$ ist also zu rechnen:

$$41700 \cdot 2{,}27 = 94660\ m^3\ (94700\ m^3)$$
$$94660 \cdot 1{,}85 = 175100\ t\ (V = 175000\ t)$$
$$175100 \cdot 0{,}147 = 25740\ t\ (Q = 25700\ t)$$

In der Vorratsberechnung erscheint also der Wert von 25700 t.

Es sei noch darauf hingewiesen, daß die Ermittlung der in die Vorratsberechnung eingehenden (im Beispiel in Klammern gesetzten) Werte mit ausreichender Genauigkeit mittels Rechenschieber erfolgen kann.

Zusammenfassung

Bei einer Rundung von Rechenwerten ebenso wie bei einer Verringerung der Meßgenauigkeit handelt es sich um eine Erhöhung des Fehlers dieser Werte, wobei zwischen dem angewendeten Rundungsintervall und dieser Fehlererhöhung eine Abhängigkeit besteht. Die Fehlererhöhung ist selbst bei großen Rundungsintervallen noch relativ gering. Daraus ergibt sich die Möglichkeit, in vielen Fällen praktisch ohne Vergrößerung des Gesamtfehlers die Meßgenauigkeit zum Teil wesentlich zu verringern, also einfachere und schnellere Analysenverfahren mit geringerer Genauigkeit anzuwenden.

Für die Rechengenauigkeit ergibt sich an Hand analoger Überlegungen, daß in Vorratsberechnungen alle Rechenwerte (Mittel- und Summenwerte) nur auf zwei oder drei Stellen anzugeben sind.

Резюме

Округление величин вычисления, а также уменьшение точности измерения являются повышением ошибки этих величин, причем между примененным интервалом округления и этим повышением ошибки существует зависимость. Повышение ошибки даже при большом интервале округления относительно небольшое. Из этого вытекает возможность частично значительного уменьшения точности измерения практически без увеличения общей ошибки, т. е. возможность применения более простых и более быстрых способов химических анализов с меньшей точностью. По аналогичным соображениям получается для точности вычисления, что при подсчетах запасов все величины вычисления (средние и суммы) нужно записать только на двух или трех значащих цифрах.

Summary

A rounding of numerical values, in the same way as a decrease of measuring accuracy, is concerned with an increase of the error of these values, whereby a dependence exists between the rounding interval used and this increase of error. Even in the case of large rounding intervals the increase of error is still relatively small. As a result, an essential reduction of the measuring accuracy is often available, practically without an increase of the total error, which means the application of more primitive and rapid methods of analysis with a smaller accuracy.

As for the accuracy of computation, analogical considerations lead to the conclusion that in reserve calculations all numerical values (average and summary values) need only be indicated in two or three decimals.

Literatur

BINTIG, K.-H.: Die Bestimmung der Optimalwerte für Anzahl und Gewicht der Einzelproben bei der Haufwerksprobenahme. — Bergakademie, **12**, S. 149-157 (1960).

DUNIN-BARKOWSKIJ, I. W. & N. W. SMIRNOW: Wahrscheinlichkeitstheorie und mathematische Statistik in der Technik (Allgemeiner Teil). — Moskau 1955.

HENNING, H.-J.: Mittelwert und Streuung. — Beuth-Vertrieb, Berlin—Köln 1954.

JAHNS, H.: Die mathematische Behandlung der nach einem geeigneten Verfahren durchgeführten Probenahme von Massengütern des Bergbaus. — Bergbauarchiv, H. 1/2, 1958.

— Die Aussagesicherheit der Vorratsangaben von Lagerstätten. Teil I und II. — Erzmetall, H. 5 und 7, 1959.

JAKSHIN, A. A.: Probenahme und Vorratsberechnung fester nutzbarer Bodenschätze. — Moskau 1954.

KOTSCHETOW, M. N.: Vereinfachung der Vorratsberechnungen von Erdöl und Erdgas. — Z. angew. Geol., **6**, S. 454—456 (1960).

KRAJEWSKI, R.: Über die Untersuchung der Variationskoeffizienten polnischer Erzlagerstätten. — Z. angew. Geol., **5**, S. 306—310 (1959).

OELSNER, O.: Zur Methodik der geologischen Erkundung in Abhängigkeit von den Lagerstättentypen. — Z. angew. Geol., **4**, S. 322—332 (1958).

REH, H.: Untersuchung der Zuverlässigkeit der Bewertung von Lagerstätten nutzbarer Rohstoffe und Ableitung einer erweiterten Klassifikation der Vorräte. — Z. angew. Geol., **2**, S. 166—179 (1956).

STAMMBERGER, F.: Über Ungenauigkeiten und „erlaubte Fehlergrenzen" bei Vorratsberechnungen. — Z. angew. Geol., **2**, S. 180—189 (1956).

— Scheinbare und tatsächliche Genauigkeit der Rechnung. — Z. angew. Geol., **3**, S. 563—565 (1957).

— Zu einigen Grundfragen der Klassifikation von Mineralvorräten. — Freib. Forsch.-H., C 54, 1958.

— Einige Bemerkungen zur Diskussion über die Vorratsklassifikation (Clausthal 1957). — Z. angew. Geol., **4**, S. 157—161 (1958).

— Zu den Toleranzen bei Vorratsangaben und deren Aussagesicherheit. — Z. angew. Geol., **5**, S. 596—601 (1959).

TYCHNOW, A. W..: Vereinfachung des Zahlenmaterials in geologischen Berichten. — Raswedka i orchrana nedr, H. 4, 1958.

Ingenieurgeologische Situationskarte im Maßstab 1:50000 für den Kreis Bernburg

MARGOT KNOTH & HELMUT KAMMHOLZ, Halle (Saale)

Vorbemerkungen

Das Institut für Gebiets-, Stadt- und Dorfplanung der Deutschen Bauakademie Berlin beantragte beim Geologischen Dienst Halle im August 1959 ingenieurgeologische Stellungnahmen für Dorfplanungsarbeiten im Kreis Bernburg. Da es sich um eine große Anzahl von Gemeinden handelte, wurde eine ingenieurgeologische Karte hergestellt. Dies lag auch im Interesse des Auftraggebers, zumal die Begutachtung im Laufe des Jahres 1960 auf den gesamten Kreis erweitert werden sollte.

Als Unterlagen standen die geologischen Spezialkarten im Maßstab 1:25000 mit Erläuterungen vom Kreis Bernburg zur Verfügung. Ferner konnten die dem Geologischen Dienst Halle bekannten Bohrungen des Kreisgebietes ausgewertet werden.

Die ingenieurgeologische Karte soll der Vorplanung dienen. Der Maßstab 1:50000 erschien am günstigsten.

Alles, was kleiner als 1:50000 ist, erwies sich für die Darstellung der ingenieurgeologischen Verhältnisse als zu ungenau, um als Unterlage der Vorplanung zu dienen. Die Schaffung einer ingenieurgeologischen Karte von größerem Maßstab ließ sich aus Zeitmangel nicht durchführen.

Außer der Geologie, die ingenieurgeologisch umgedeutet worden ist, wurden noch folgende ingenieurgeologisch wichtige Faktoren berücksichtigt:

die höchstmöglichen Grundwasserstände,
Trinkwasserschutzgebiete,
Überschwemmungsgebiete,
Bergbauschutzgebiete,
Lagerstättenschutzgebiete,
senkungsgefährdete Gebiete,
Gebiete mit Senkungen,
erdfallgefährdete Gebiete,
Gebiete mit Erdfällen,
durch Braunkohlentiefbau verritzte Gebiete und
Ablaugungsgrenzen der Salzspiegel.

Die Schichten von 0—1 m unter Gelände wurden nicht dargestellt, da bei Bauwerken, die frostsicher gegründet werden, ca. 1 m der Schichten dem Aushub zum Opfer fällt. Der Baugrund von 1—2 m unter Gelände wurde als Schachtboden und der von 2 m unter Gelände als Lastboden dargestellt. Der Schachtboden wurde durch Schwarzweißsignatur und der Last- oder auch Tragboden durch Farben gekennzeichnet. Dabei wurden geologische Einheiten mit typischen bautechnischen Eigenschaften unterschieden, es erscheinen also auf der ingenieurgeologischen Situationskarte stratigraphische und fazielle Einheiten, die gleiche oder ähnliche Baugrundeigenschaften besitzen. Ferner wurden die hydrologischen Eigenschaften berücksichtigt, soweit sie den Baugrund betreffen.

Die Verhältnisse des tieferen Untergrundes sind auf der Karte dann hervorgehoben, wenn sie sich im Baugrundbereich bemerkbar machen können, wie Verwerfungen, Streichen und Fallen, Senkungsgebiete, Erdfallgebiete und Ablaugungsgrenzen der Salzspiegel. Außerdem enthält die Karte Bergbauschutzgebiete, Lagerstättenschutzgebiete und durch Braunkohlentiefbau verritzte Gebiete.

Zur Stratigraphie

Am Aufbau der im Kreis Bernburg vorkommenden Schichten sind folgende Formationen beteiligt:

Karbon	(Oberkarbon)
Perm	(Rotliegendes und Zechstein)
Trias	(Unterer Buntsandstein bis Mittlerer Keuper)
Tertiär	(Eozän und Oligozän)
Quartär	(Pleistozän und Holozän)

Morphologie und Hydrographie

Die Geländeoberfläche fällt schwach nach Norden ab. Durch die Saale, die das Gebiet von Süden nach Norden durchfließt, und ihre Nebenflüsse wird der Kreis Bernburg in mehrere Hochflächen untergliedert. Die höchsten Erhebungen (155 m über NN) liegen im Süden des Kreises, und zwar westlich und östlich des Saaletales. Der tiefste Punkt (54 m über NN) liegt etwa dort, wo die Saale den Kreis Bernburg verläßt.

Der Kreis Bernburg wird durch die Saale und ihre Nebenflüsse entwässert. Die größten Nebenflüsse sind die Bode und die Fuhne.

Zur Tektonik

Der größte Teil des Kreises Bernburg liegt im südöstlichen Teil des subherzynen Beckens auf der sogenannten Bernburger Triasplatte; deren südliche Begrenzung wird durch den Nordabbruch der den Südteil des Kreises einnehmenden Halle—Hettstedter Gebirgsbrücke gebildet. Dieser Nordabbruch besteht aus einer Anzahl annähernd NE streichender, sehr steil stehender Verwerfungen, die aus dem mesozoischen „Vorland" in das Paläozoikum der Halle—Hettstedter Gebirgsbrücke hineinreichen und beträchtliche Sprunghöhen aufweisen können.

Im größten Teil des Bernburger Triasgebiets fallen die Schichten flach ein (mit weniger als 10°) oder liegen fast horizontal. Es ist eine Gliederung in ein einfaches System flacher, teils NW—SE, teils W—E streichender Mulden und Sättel zu erkennen.

Dieser verhältnismäßig einfache Bau wird durch den herzynisch streichenden Staßfurt—Egelner Rogensteinsattel, den Beesenlaublinger Gipsstock und einige größere Verwerfungen beeinträchtigt. Im NE schließt sich an die sehr steile Flanke des Staßfurter Sattels die ebenfalls herzynisch streichende Nienburger Muschelkalkmulde an. Im gleichen Streichen wird diese in ihrem zentralen Teil von dem Nienburg—Latdorfer Keupergraben (Bodetalgraben) durchschnitten.

Hydrogeologische Verhältnisse

Zu den grundwasserführenden Horizonten gehören sämtliche Sandsteine (Karbon, Rotliegendes, Buntsandstein, Keuper), Sande und kiesige Sande (Tertiär, Pleistozän, Holozän) und der Löß (Pleistozän).

Kluftwasser führen:
Tonstein (Rotliegendes, Buntsandstein),
Kalkstein (Zechstein, Muschelkalk),
Dolomit (Muschelkalk),
Rogenstein (Buntsandstein).

Als Grundwasserstauer können folgende Horizonte zusammengefaßt werden:
Schieferton (Rotliegendes, Zechstein, Buntsandstein),
Mergel (Muschelkalk, Keuper),
Ton (Keuper, Tertiär, Pleistozän, Holozän),
Geschiebemergel (Pleistozän),
Schluff und Wiesenmergel (Holozän).

Die auftretenden Salze und der Gips sind mehr oder weniger stark wasserlöslich. Sie können weder zu den wasserführenden noch zu den wasserstauenden Horizonten gerechnet werden.

Von den Eigenschaften des Grundwassers werden vor allem Aggressivität, Härte, Salzgehalt und Eisengehalt berücksichtigt.

Über die Ergiebigkeit der grundwasserführenden Horizonte wurden nur allgemeine Angaben gemacht. Soweit die höchstmöglichen Grundwasserstände in Erfahrung gebracht werden konnten, wurden sie auf der Karte dargestellt.

Darstellung der ingenieurgeologischen Verhältnisse

1. Stratigraphische und fazielle Einheiten mit gleichen oder ähnlichen Baugrundeigenschaften

Wie bereits in der Einleitung erwähnt, erfolgte eine Trennung des Baugrundes in Schacht- und Lastboden (Tragboden). Der Schachtboden wurde durch Signaturen und der Lastboden durch Farben gekennzeichnet (s. Tab.).

Bei der Farbgebung für den letzteren wurden die bei geologischen Karten üblichen Farben bewußt nicht

Abb. 1. Luftaufnahme des Haldenrutsches nordwestlich Latdorf kurz nach der Katastrophe 1933. Blick etwa nach SE (flußaufwärts)

verwendet. Es wurde versucht, die Farbabstufungen derart zu wählen, daß Einheiten, die keine einwandfreien Baugrundeigenschaften besitzen, kräftig leuchtende Farben erhielten (z. B. Auffülle rot und Zechstein blau) oder farbig schraffiert wurden (z. B. Mittlerer Muschelkalk und Oberer Buntsandstein).

Die einzelnen Einheiten erhielten folgende Farben[1]):

Quartär	Holozän	Halde und Auffülle (A)	ziegelrot
		Locker gelagerter Sand, Schluff und Ton der Täler (a)	hellorangerot
		Sand, Schluff und Ton (as)	braunocker
	Pleistozän	Gemenge, von Ton, Schluff, Sand, Kies und Steinen, kalkhaltig (Geschiebemergel) (dm)	strohgelb
		Sand und kiesiger Sand (ds)	hellgrau
Tertiär		Ton (e)	fahlbraun
Trias	Keuper	Schieferton, Mergel und Sandstein, z. T. mit Gipseinlagerungen (km und ku)	ockerbraun
	Mittlerer Muschelkalk	Mergel, Dolomit, Gips und Steinsalz (mm)	lichtblau (schraffiert)
	Oberer und Unterer Muschelkalk	Kalkstein und Dolomit (mo und mu)	lichtblau
	Oberer Buntsandstein	Tonstein, Schieferton mit Gipseinlagerungen (so)	gelbgrün (schraffiert)
	Mittlerer Buntsandstein	Sandstein u. Schieferton (sm)	gelbgrün
	Unterer Buntsandstein	Schieferton, Tonstein u. Rogenstein (su)	graugrün
Perm	Zechstein	Gips, Auslaugungsrückstände u. Schieferton (z)	ultramarin
	Rotliegendes	Schieferton, Sandstein u. Konglomerat (ro)	dunkelbläulichgrün
Karbon	Oberkarbon	Sandstein, Schieferton, Konglomerat (co)	dunkelgrüngrau

2. Geologisch-physikalische Vorgänge

Senkungen und Erdfälle

Im Untersuchungsgebiet sind drei Salzspiegel nachgewiesen worden (Salzspiegel der Staßfurt-, Leine- und Aller-Serie), deren Grenzen auf der Karte durch ultramarinfarbene Linien gekennzeichnet sind. Die Richtungen, in denen sich die Salzspiegel bewegen, werden durch senkrecht auf den Linien stehende kleine Striche angedeutet.

Die durch die Ab- bzw. Auslaugung vor allem im Bereich der Salzspiegelgrenzen hervorgerufenen Senkungen bilden — wenn vorhanden — auf Grund ihrer Weiträumigkeit und des sehr langsamen Voranschreitens der Senkungen keine ausgesprochene Gefahr für das Baugeschehen. Allerdings kann es bei künstlichen Eingriffen (Bergbau, Wasserhaltungen usw.) zu einer Beschleunigung der Lösungsvorgänge und damit zu stärkeren Senkungen, manchmal sogar zu Erdfällen kommen. Erdfälle sind für das Baugeschehen besonders gefährlich, da sie plötzlich und meist ohne vorhergehende Anzeichen entstehen. Gebiete mit ausgesprochen starker Erdfalltätigkeit befinden sich nördlich des Nordabbruches der Halle—Hettstedter Gebirgsbrücke. Die Erdfalltätigkeit beruht hier in erster Linie auf der Auslaugung des Gipses. Die Ausgrenzung von Erdfallgebieten erfolgte durch eine rote Linie mit senkrecht auf ihr stehenden kleinen Strichen, die in das Erdfallgebiet hineinzeigen. Erdfallgefährdete Gebiete, d. h. Gebiete, in denen noch keine Erdfälle beobachtet wurden, aber auf Grund der geologischen Situation jederzeit auftreten können, sind durch eine gerissene rote Linie mit nach innen weisenden kleinen Strichen dargestellt. Ein solches erdfallgefährdetes Gebiet stellt der Nienburg—Latdorfer Keupergraben dar.

Rutschungsgebiete

Im Untersuchungsgebiet sind nur der Haldenrutsch nordöstlich Latdorf und die Rutschungen im Gipsbruch von Beesenlaublingen bekannt. Der Haldenrutsch nordöstlich Latdorf ereignete sich 1933 und sperrte damals das Saalebett völlig ab (s. Abb. 1). Die Ursachen konnten nicht eindeutig geklärt werden. Die Rutschung ist längst zur Ruhe gekommen. Den heutigen Zustand zeigt die Abb. 2.

Die Rutschungen im Gipsbruch von Beesenlaublingen begannen im Dezember 1942 und ereigneten sich letztmalig 1951. Die Ursachen sind wahrscheinlich Entspannungserscheinungen. (Durch den Abbau des Gipses wurde das Gestein aus dem Spannungsgleichgewicht gelöst, so daß parallel zur entlasteten Fläche Restspannungen auftraten, die die Tendenz zur Entspannung aufwiesen. Der Bruch erfolgte dann am Böschungsfuß.) Weitere Rutschungen sind z. Z. nicht zu erwarten, da

Abb. 2. Haldenrutsch nordwestlich Latdorf. Blick nach Norden; NW-Ecke des Haldenfußes an der Saale (1960)

[1]) Die Farbtöne entsprechen etwa denen der Schwaneberger Farbentafeln.

Tabelle. Erläuterung der ingenieurgeologischen Situationskarte des Kreises Bernburg

Zeichen für Schacht-boden (1–2 m)	Farbe für Lastboden (tiefer als 2 m)	Geolo-gische Symbole	Geologische Be-zeichnung und Alter	Petrographische Beschreibung	Mächtigkeit in Metern	Verhalten ge-genüber Wasser	Bearbeitbarkeit nach DIN 18300
 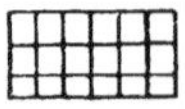	ziegelrot	A	Halde und Auffülle jünger als 50 Jahre Auffülle älter als 50 Jahre	Verfüllung von alten Tagebauen, Steinbrüchen u. kleineren Gruben, z. T. Hochwasserschutzauffüllg. Weiterhin Halden u. Kippen. Nicht alle in der Karte erfaßt, da in vielen Fällen Unterlagen fehlen	bis 40 m	sehr verschieden (nicht selten thixotrope Erscheinungen)	leichter bis mittelschwerer Boden, teils standfest, teils nicht, kommt auf Zusammensetzung an, Neigung z. Rutschung
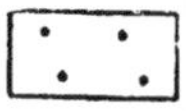	hellorange-rot	a	Holozän	locker gelagerter Sand, Schluff und Ton, in den Tälern meist humos	bis 8 m	weichen auf	leichter Boden, meist Behinderung durch Grundwasser
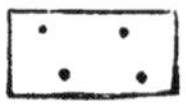	braunocker	as		Sand, Schluff und Ton	bis 15 m	weichen auf, z. T Schwimmsandbildung möglich	leichter bis mittelschwerer Boden, meist Behinderung durch Grundwasser
		dl	Pleistozän Löß	Grobschluff, hellbraun, schwach feinsandig, kalkhaltig, oberflächennah, z. T verlehmt, oft gute Schwarzerde	bis 2 m	weicht auf	mittelschwerer, nach starker Austrocknung schwerer Boden, an der Basis meist Steinsohle!
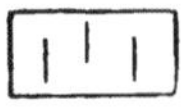	strohgelb	dm	Geschiebemergel und -lehm	graues od. braunes Gemenge aller Kornfraktionen (Ton bis Steine), meist vollkommen unsortiert, wenn kalkhaltig, Geschiebemergel, wenn kalkfrei, Geschiebelehm	bis 6 m	wirkt wasserstauend, kann u. U aufweichen	schwerer Boden, in trockenem Zustand felsähnlich, Schwierigkeiten durch eingelagerte Steine u. Blöcke
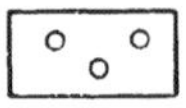	hellgrau	ds	Sand und Kies	Mittel- bis Grobsand, graubunt bis braunbunt, feinsandig, fein- bis grobkiesig, teils kalkhaltig, teils nicht kalkhaltig	bis 15 m	indifferent, gut durchlässig	leichter bis mittlerer Boden
	fahlbraun	b	Tertiär Septarienton	Ton, hellgrau bis hellbraun, schluffig, teils kalkhaltig, teils kalkfrei, mit Kalkkonkretionen	bis 105 m	quellfähig	mittelschwerer, nach starker Austrocknung schwerer Boden
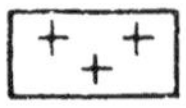	ockerbraun	ku + km	Keuper Schieferton	Schluffstein (Schieferton), rot u. grün, mit Gipsknauern u. -lagen, plattig, kalkfrei, z. T. mit Sandstein wechsellagernd	bis 100 m	quellfähig, Gips ist auslaugbar!	mittelschwerer bis schwerer Boden
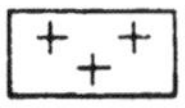	lichtblau schraffiert	mm	Muschelkalk Mittlerer	Mergel, Dolomit, Gips und Steinsalz, z. T. stark klüftig	bis 50 m	zum Teil auslaugbar! Dabei hinterbleiben locker gelagerte tonig-schluffige Restgesteine	leichter bis schwerer Fels
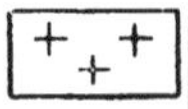	lichtblau	mo mu	Oberer und Unterer	Kalkstein, plattig bis bankig, untergeordnet dolomitische Mergel	mo bis 50 m mu bis 120 m	praktisch indifferent	
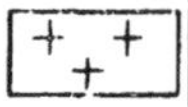	gelbgrün schraffiert	so	Buntsandstein Oberer	Tonstein, Schluffstein (Schieferton), z. T sandig, mit Gipseinlagerungen	bis 100 m	zum Teil auslaugbar! z. T aufweichend und quellfähig	schwerer Boden bis schwerer Fels
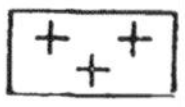	gelbgrün	sm	Mittlerer	Sandstein und Schluffstein (Schieferton)	bis 200 m	praktisch indifferent	leichter bis schwerer Fels
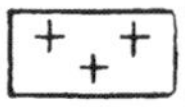	graugrün	su	Unterer	Schluffstein (Schieferton), Tonstein, untergeordnet Sandstein		z. T quellfähig	schwerer Boden bis schwerer Fels
				und Rogenstein in Wechsellagerung	bis 220 m in Bänken von i. a. 0,2–3 m	praktisch indifferent	schwerer Fels
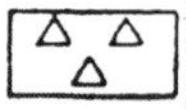	ultramarin	zo zm zu	Zechstein	Oberflächennah Gips, Ton, Schluff, Kalk (Auslaugungsrückstände) und Schluffstein (Schieferton)	mehr als 10 m	auslaugbar!	mittelschwerer Boden bis schwerer Fels
				ab 100 m Tiefe: Schluffstein (Schieferton) Steinsalz, Anhydrit, Kalisalze, Kalkstein, Kupferschiefer u. a.	mehr als 200 m	ablaugbar, z. T Salzspiegelbildung	Bergbautätigkeit!
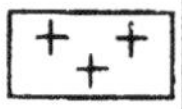	dunkel-bläulich-grün	ro	Rotliegendes Oberes	Schluffstein, (Schieferton) Sandstein und Konglomerat, rotbraun	bis 100 m	praktisch indifferent	leichter bis schwerer Fels
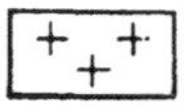	dunkelgrün-grau	co	Karbon Oberes	Schluffstein, Sandstein und Konglomerat, rotbraun	mehr als 500 m	praktisch indifferent	leichter bis schwerer Fels

Standfestigkeit von Ausschachtungen	Frostveränderlichkeit	Eigenschaften d. Grundwassers		Geomorphologischer Charakter	Verwendbarkeit als Baustoff	Setzungstendenz	Baugrunduntersuchung
		Ergiebigkeit u. Güte	Aggressivität				
meist nicht gut	je nach Korngrößenzusammensetzg. mittel bis sehr stark	teils wasserführend, teils trocken	meist vorhanden	zum Teil Hochhalde, z. T. planiert, z. T unvollkommen ausgefüllte Gruben	keine	sehr stark, stark ungleichmäßig, stark bis mäßig, ungleichmäßig	in jedem Falle notwendig
gering	sehr stark	oberflächennah, kann gespannt sein, Ergiebigkeit verschieden, oft hoher Kolititer	meist vorhanden	fast ebene Ausfüllung der Auen und Täler	keine	stark, langdauernd, ungleichmäßig	in jedem Falle notwendig
im Bereich d. Grundwassers keine, trokken verschieden	sehr stark	,,	,,	,,	,,	stark, langdauernd, z. T ungleichmäßig	,,
in trockenem Zustd. gute Standfestigkeit, plötzliches Nachbrechen d. Grubenwand mögl., Tageswässer fernhalten!	sehr stark	meist ohne Grundwasser, kapillarer Anstieg möglich	meist keine	geringmächtige Decke auf Hochflächen	hier keine	wenn trocken, mäßig, langdauernd, wenn durchfeuchtet, sehr stark und ungleichmäßig	empfehlenswert, manchmal notwendig (z. B. Straßenbau)
Tageswässer tunlichst v. Grubensohlen fernhalten, da Abflußhemmung durch stauende Wirkung	mittel bis stark	hohe Karbonathärte, geringe Ergiebigkeit	meist keine	überwiegend auf Hochflächen in geschlossener Decke	keine	wenn trocken, mäßig, langdauernd, z. T. ungleichmäßig	meist notwendig
Baugrubenwände nicht standfest, da rollig	meist keine	Höhe des Grundwasserspiegels stark wechselnd, ebenso die Ergiebigkeit	ist möglich	z.T auf Hochflächen, z. T. in kleineren Flächen als tiefere Terrassenablagerungen	werden in zahlr Gruben als Bausand u. auch als Betonkies gewonnen	mäßig, schnell abklingend, gleichmäßig	bei leichten bis mittelschweren Bauwerken nicht unbed. notwendig
Baugrubenwände im allg. standfest, Tageswässer fernhalten!	stark	praktisch ohne freies Grundwasser, Wasserstauer		nur in kleinen oberflächennahen Vorkommen	Ziegel- bis Steinzeugton	mäßig, langdauernd, Neigung zu Rutschungen	meist notwendig
in trockenem Zustand i. a. Baugrubenwände standfest, Tageswässer fernhalten!	stark	meist ohne oder wenig, mit hoher Gipshärte, Schiefertone sind oft Wasserstauer	z. T betonaggressiv durch SO_4-Ionen	gegen Abtragung wenig widerstandsfähig, Neigung zu Geländedepressionen	bedingt als Ziegelrohstoff	mäßig, langdauernd, Senkungen möglich!	meist notwendig
meist gut	je nach Verwitterungsgrad schwach bis mittelstark	oft wasserführend, jedoch mit hoher Karbonat- und Gipshärte	,,	streicht nur in schmalen Streifen zutage aus	keine	verschieden, Senkungen möglich!	empfehlenswert
Baugrubenwände standfest, Schichten haben geringen Einfallswinkel	frischer Fels sehr gering	Kluftwasser i tieferen Bereichen, hohe Karbonathärte, Ergiebigkeit mäßig b. gut	meist keine	schwer verwitternd, an Talflanken z. T steile Hänge	Rohstoff für chemische und Zement-industrie	fast ohne	bei frischem Fels nicht notwendig
gut, trockenhalten!	mittel bis stark	geringe Wasserführung, z. T. Wasserstauer	z. T betonaggressiv durch SO_4-Ionen	gegen Abtragung wenig widerstandsfähig, neigt zu Geländedepressionen	z. T als Rohstoff für Zementindustrie brauchbar, z. T auch bedingt als Ziegelton	nach Feuchtigkeitsgrad verschieden, z. T. Senkungen möglich!	meist notwendig
gut	keine bis schwach	in tieferen Bereichen meist wasserführend, Ergiebigkeit oft gut	meist keine	an Talflanken meist mittelsteile Hänge	z. T als Baustein verwendbar	fast ohne bis gering	bei frischem Fels nicht notwendig
gut, trockenhalten!	mittel bis stark	geringe Wasserführung, z. T Wasserstauer	keine	gegen Abtragung wenig widerstandsfähig	z. T als Tonkomponente für Zementindustrie u. als Ziegelton	wenn trocken, sehr gering	bei schweren Bauwerken empfehlenswert
gut	keine	meist etwas Poren- u. Kluftwasser, aber nur geringe Ergiebigkeit	keine	schwer verwitternd	für Mosaikkleinpflaster	praktisch ohne, wenn tragende Bank genügend mächtig, ungleich, wenn bei einfalld. Schichten Baugrund v verschiedenem Gestein gebildet wird	bei empfindl. Bauwerken nötig
meist gut	schwach bis sehr stark	meist trocken, wenn wasserführend, dann sehr hohe Gipshärte u. Salzgehalt	evtl. betonaggressiv durch SO_4 Ionen	nur an wenigen Stellen ausstreichend	früher wurde bei Beesenlaublingen Gips gewonnen	keine bis stark! Senkungsgefahr! Erdfallgefahr!	sehr bedenklicher Baugrund
–	–	–	–	–	–	Ursache von weitspannigen Senkungen	
gut, Schiefertone trockenhalten!	keine bis schwach, oberflächennah z. T. stark	meist etwas Poren- u. Kluftwasser, eisenreich, wenig ergiebig	meist keine	z. T schwer verwitternd, bildet dann steile Hänge	keine	fast ohne bis gering	bei frischem Fels nicht notwendig
gut, Schieferton trockenhalten!	keine b. schwach, oberflächennah z. T. stark	meist etwas Poren- u. Kluftwasser, wenig ergiebig	meist keine	z. T. schwer verwitternd, bildet dann steile Hänge	keine	fast ohne bis gering	bei frischem Fels nicht notwendig

der Bruch weitgehend verfüllt und der Böschungsfuß dadurch stabilisiert wurde.

Obwohl im Gebiet nordöstlich Latdorf (weitausgedehnte Spülhalden) und auch im Gipsbruch von Beesenlaublingen noch Rutschungstendenzen vorhanden sind, erfolgte keine gesonderte Kennzeichnung in der Karte, da diese Gebiete ohnehin von einer Bebauung ausgeschlossen sind.

Nasse Gebiete und Überschwemmungszonen

Ausgeprägte Vernässungszonen sind vor allem die Senkungsgebiete und die Gebiete, in denen oberflächlich oder oberflächennah wasserundurchlässige Gesteine anstehen.

Die Überschwemmungszonen durch Hochwasser sind im Untersuchungsgebiet durch die Eindeichung und Regulierung der Saale nicht allzu umfangreich und weitgehend eingeschränkt. Sie sind auf der Karte als amtliche Hochwasserschutzgebiete ausgeschieden (schwarze Linien mit senkrecht auf ihnen stehenden Strichen, die in das Hochwasserschutzgebiet zeigen). Nur zwischen Bernburg und Nienburg (Mündungsgebiet der Bode) liegen umfangreichere Gebiete im Überschwemmungsbereich.

3. Künstliche Geländeveränderungen

Hier soll nur auf Senkungen als Nachfolgeerscheinung des untätigen Bergbaus näher eingegangen werden, da für die zahlreichen Gruben, Steinbrüche, Tagebaue, Schächte usw. keine besonderen Darstellungen notwendig waren.

Am umfangreichsten sind die Senkungen über den durch Kali- bzw. Steinsalzbergbau verritzten Gebieten. Solch ein Gebiet befindet sich südlich Bernburg und reicht in einer Breite von ca. 3,0—3,5 km von Ilberstedt im NW bis Preußlitz—Plömnitz im SE. Über den hier durch den Bergbau geschaffenen, z. T. sehr umfangreichen Hohlräumen machten sich schon seit Anfang des Jahrhunderts Senkungen bemerkbar, die stellenweise zu erheblichen Bauwerksschäden führten. Exakte Messungen liegen allerdings erst ab 1931 vor. Das Senkungsgebiet ist auf der Karte durch eine gerissene rote Linie gekennzeichnet. Die Hauptsenkungsgebiete (Senkungen von mehr als 10 mm im Jahr) wurden durch eine geschlossene rote Linie hervorgehoben. Mit Hilfe der vorliegenden Höhenmessungen wurden Linien gleicher Senkungsintensität konstruiert (Abb. 3 und 4). Die Auswertung ergab 2 deutliche Senkungsmaxima mit Gesamtsenkungen von 1469 mm und 1357 mm (Abb.3), ein Fortschreiten der Senkungsmaxima nach W und eine Vergrößerung des gesamten Senkungsgebiets nach S (Abb. 4).

Ähnliche Erscheinungen treten in Gebieten auf, in denen Braunkohle im Tiefbau abgebaut wurde. Der Abbau ging in geringen Teufen (20—50 m u. Gel.) um, so daß sich Bergschäden viel schneller und intensiver bemerkbar machten als beim Kali- und Steinsalzbergbau. Vom Braunkohlentiefbau verritzte Gebiete zeichnen sich durch starke Veränderungen an der Erdoberfläche aus (starke Einsenkungen, Einbrüche). Sie wurden durch eine braune Linie umgrenzt. Bauvorhaben in durch untertägigen Bergbau verritzten Gebieten müssen von der zuständigen Bergbehörde genehmigt werden. Ihre Realisierung unterliegt den „Richtlinien für die Ausführung von Bauten im Einflußbereich des untertägigen Bergbaus".

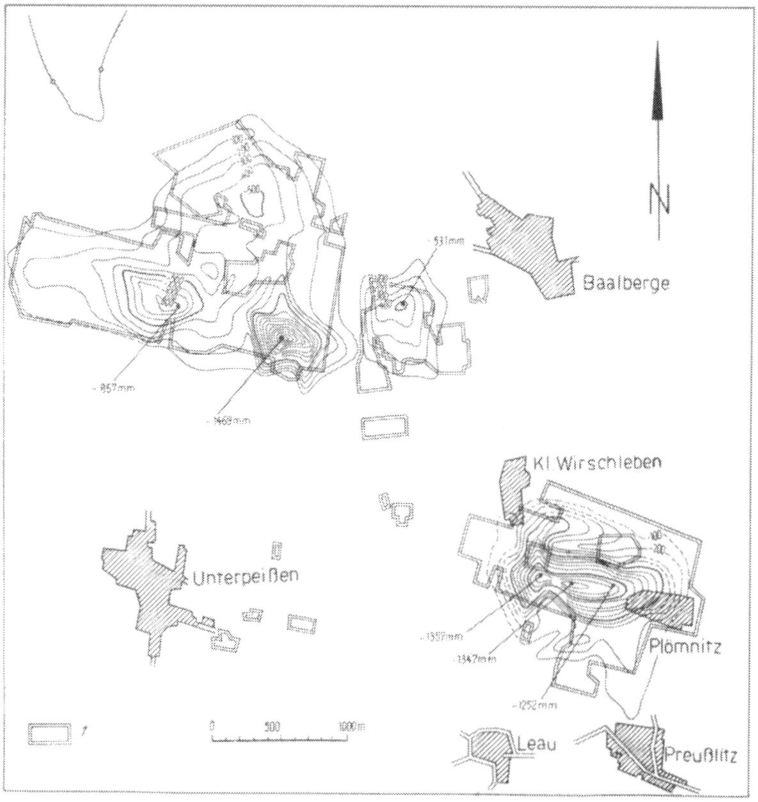

Abb. 3. Linien gleicher Senkungsintensität in mm (Intervall = 100 mm) für die Gesamtsenkung von 1931 bis 1958
1 — Durch den Kalibergbau abgebaute Felder (Stand: März 1959)

4. Schutzgebiete

Die Schutzgebiete umfassen Gebiete deren Bebauung nur mit Zustimmung bestimmter Institutionen erfolgen darf. Die in der Karte eingetragenen Schutzgebiete entsprechen dem Stand vom 1. 1. 1960.

Lagerstättenschutzgebiete

Zum Schutz der Lagerstätten des Sektors Steine und Erden gegen Bebauung wurden solche Gebiete ausgeschieden, für die beim Geologischen Dienst Halle Erkundungsergebnisse und Vorratsberechnungen vorliegen.

Eine Bebauung darf nur nach Zustimmung des Betriebes erfolgen, für den die Erkundung durchgeführt wurde. Diese Schutzgebiete sind auf der Karte durch eine braune Doppellinie mit eingeschriebenem L dargestellt.

Bergbauschutzgebiete

Die Bergbauschutzgebiete, auf der Karte braune Doppellinie mit eingeschriebenem B, umfassen Gebiete, in denen Braunkohle in abbauwürdiger Mächtigkeit vorhanden ist. Eine Bebauung darf nur nach Zustimmung der zuständigen Bergbehörde vorgenommen werden.

Trinkwasserschutzgebiete

Die Trinkwasserschutzgebiete (auf der Karte hellblaue Linien) sind Zonen mit Wassergewinnungsanlagen, die gegen Verschmutzung und Verseuchung des Grundwassers zu schützen sind. Eine Bebauung darf nur mit Zustimmung der Wasserwirtschaftsdirektion Saale—Weiße Elster vorgenommen werden.

Die ingenieurgeologische Einschätzung der stratigraphisch-faziellen Einheiten mit gleichen Baugrundeigenschaften erfolgte ausführlich in den Erläuterungen zur Situationskarte. Eine Zusammenfassung gibt die Tabelle zur Erläuterung der ingenieurgeologischen Situationskarte des Kreises Bernburg.

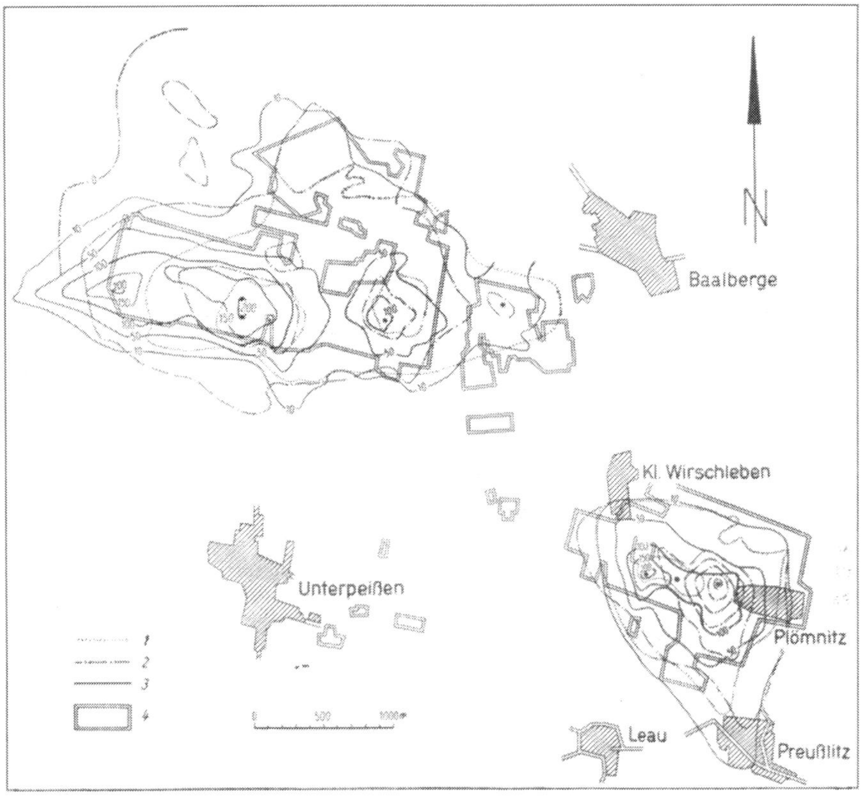

Abb. 4. Linien gleicher Senkungsintensität in mm (Intervall = 50 mm) für die Teilsenkung in den Jahren 1954/55, 1955/56 und 1956/58

1 — Teilsenkung in den Jahren 1954—1955, 2 — Teilsenkung in den Jahren 1955—1956, 3 — Teilsenkung in den Jahren 1956—1958, 4 — durch den Kalibergbau abgebaute Felder (Stand: März 1959)

Zusammenfassung

Um die ingenieurgeologische Begutachtung zu vereinfachen und der Vorplanung notwendige Unterlagen zu geben, wurde für den Kreis Bernburg eine ingenieurgeologische Situation entwickelt. Bei der Darstellung der stratigraphischen und faziellen Einheiten mit gleichen oder ähnlichen Baugrundeigenschaften wurde zwischen Schacht- und Lastboden unterschieden. Die Verhältnisse des tieferen Untergrundes und der Hydrogeologie, soweit sie ingenieurgeologisch von Bedeutung sind, wurden auf der Karte berücksichtigt. Außerdem erscheinen künstliche Geländeveränderungen und Schutzgebiete.

Entsprechend ihrem Charakter kann die vorliegende ingenieurgeologische Situationskarte bei größeren Bauwerken eine spezielle Begutachtung nicht ersetzen, dagegen kann bei einfachen Bauwerken dort auf eine Begutachtung verzichtet werden, wo auf der Karte guter Baugrund und einwandfreier Untergrund eingetragen sind.

Резюме

С целью упрощения инженерно-геологического экспертизного дела и предоставления предварительной планировке необходимых материалов, для района Бернбург была разработана инженерно-геологическая ситуационная карта. При изображении стратиграфических и фациальных единиц с одинаковыми или сходными свойствами строительного грунта различались выемочные и нагрузочные грунты. Условия более глубокого грунта и гидрогеологические условия, если они оказывают влияние на инженерно-геологическую обстановку, были учтены на карте. Кроме того, изображены искусственные изменения природных условий местности и охранные области.

Соответственно ее характеру, данная инженерно-геологическая карта в случае более крупных сооружений не может заменять специальной экспертизы, но при простых сооружениях можно там сэкономить экспертизу, где на карте нанесены хороший строительный грунт и надежный более глубокий грунт.

Summary

In order to simplify engineering-geological expertise and provide the data required for a preliminary planning, an engineering-geological map of site was developed for the district of Bernburg. In the representation of stratigraphic and facial units showing equal or similar building ground properties a difference was made between shaft and load soils. Allowance was made in the map for conditions prevailing in deeper subsoil and for hydrogeological ones, as far as they are of an engineering-geological significance. Artificial modifications of the ground as well as preserves are also represented in the map.

In conformity with its character the present engineering-geological map of site cannot replace a special expertise in the case of greater buildings, whereas an expertise can be suppressed for simple structures when the map shows a good building ground and a perfect subsoil.

Die ingenieurgeologische Karte der Stadt Berlin, Stadtbezirk Mitte, Maßstab 1:4000

Irmgard Röbling & Gerhard Tamm, Berlin

Die ingenieurgeologische Karte der Stadt Berlin, Stadtbezirk Mitte, stellt eine Arbeits- und Projektierungsunterlage sowohl für den Ingenieurgeologen als auch für den Planer, Städtebauer und Bauingenieur dar und wird in vielen Fällen die ingenieurgeologische Begutachtung ersetzen. Für die Karte wurde der Maßstab 1:4000 gewählt, weil für den gesamten Berliner Stadtbereich die entsprechenden topographischen Unterlagen bereits zur Verfügung stehen.

Auf Grund unserer bisherigen Erfahrungen erschien es zweckmäßig, eine Mehrblattkarte anzufertigen, die aus folgenden Einzelkarten besteht:

1. Dokumentationskarte, auf der alle Aufschlüsse und vorliegenden Begutachtungen dargestellt werden.
2. Geologische Karte, die die geologische Situation der obersten 3 m wiedergibt.
3. Wasserkarte, in der außer den Höchstwasserständen auch — soweit bekannt — der Chemismus des Grundwassers angegeben wird.
4. Baugrundkarte, in der eine baugrundmäßige Einschätzung des Stadtbezirkes Mitte unter Berücksichtigung aller bekannten ingenieurgeologischen Faktoren gegeben ist.

Von weiteren Einzelkarten, z. B. über Geomorphologie oder Tektonik, wurde abgesehen, da diese für ingenieurgeologische Belange im Berliner Raum ohne Bedeutung sind.

(Die Abbildungen 1—4 stellen Ausschnitte der Originalkarten dar, in denen die farbige Darstellung durch eine Schwarzweißdarstellung ersetzt worden ist.)

Die Einzelkarten

1. Dokumentationskarte (Abb. 1)

Auf der Dokumentationskarte sind sämtliche bis zum 1. 6. 1960 im Geologischen Dienst Mitte bekannten Aufschlüsse, und zwar Bohrungen und Schürfe, dargestellt. Natürliche Aufschlüsse sind in diesem Stadtteil wegen der vollständigen Bebauung nicht mehr vorhanden. Die Ergebnisse der Aufschlüsse wurden den Bohrarchiven und den in Frage kommenden Karten entnommen. Ein Teil der Schichtenverzeichnisse von Bohrungen ist durch Brunnen- und Bohrmeister aufgestellt worden und konnte daher für geologische und ingenieurgeologische Zwecke nur bedingt ausgewertet werden. Die bekannten Bohrungen und Schürfe sind im Kartierungsgebiet jedoch sehr ungleichmäßig verteilt. Daher werden bei Bauplanungen an den Stellen, wo nur wenige Aufschlüsse vorhanden und komplizierte Baugrundverhältnisse zu erwarten sind, weitere ingenieurgeologische Erkundungsarbeiten erforderlich.

Auf der Dokumentationskarte wurden vier Darstellungsarten unterschieden:

a) Bohrungen,
b) Schürfe,
c) Peilstangenbohrungen,
d) Standorte und Flächen, für die Gutachten vorliegen.

Bei den Bohrungen kennzeichnet verschiedene Farbgebung mehrere Tiefenbereiche, wobei offene oder volle Kreise darauf hinweisen, daß der Bohransatzpunkt genau bzw. nicht genau bekannt ist. Durch weitere Zusatzzeichen wurde unterschieden, ob die Bohrungen durch einen Ingenieurgeologen aufgenommen oder ob bodenphysikalische Untersuchungen durchgeführt und Wasseruntersuchungen vorgenommen wurden.

Bei den Peilstangenbohrungen ist wie bei den Schürfen verfahren worden.

Ein bei den Standorten oder Flächen eingezeichnetes „G", z. T. mit einer gerissenen Umrandungslinie, gibt an, daß für dieses Gebiet eine Begutachtung vorliegt, und zwar ohne besonderen Vermerk, ob es sich um eine ingenieurgeologische Begutachtung oder um ein Baugrundgutachten handelt.

Jede Aufschlußart (Bohrungen, Peilstangenbohrungen, Schürfe) ist in jedem Feld der Karte — beginnend mit Nr. 1 — getrennt numeriert worden. Um eine bessere Übersichtlichkeit zu erreichen, wurde die Karte in sechs Felder eingeteilt und mit großen Buchstaben (A—F) versehen.

2. Geologische Karte (Abb. 2)

Die Grundlage für diese Karte bildet die zweite Auflage der geologischen Karte im Maßstab 1:25000 (ehem. geol. Karte von Preußen und benachbarten Ländern),

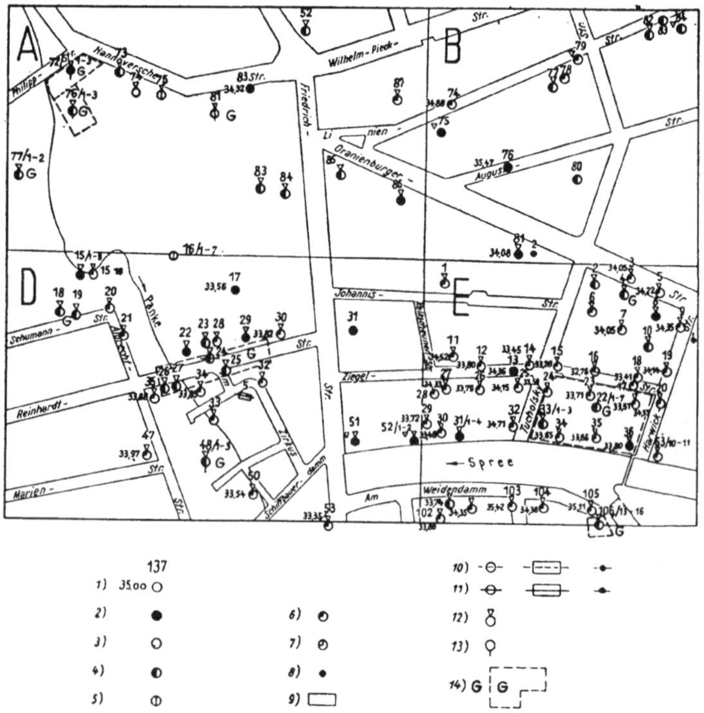

Abb. 1. Ausschnitt aus der Dokumentationskarte

1 — Nummer der Bohrung, Höhe des Bohrpunktes über NN; 2 — Bohrpunkt, Lage genau bekannt; 3 — Bohrpunkt, Lage nicht genau bekannt (2 und 3: Bohrtiefe bis 10 m unter Gelände); 4 — Bohrpunkt, Lage genau bekannt; 5 — Bohrpunkt, Lage nicht genau bekannt (4 und 5: Bohrtiefe bis 20 m unter Gelände); 6 — Bohrpunkt, Lage genau bekannt; 7 — Bohrpunkt, Lage nicht genau bekannt (6 und 7: Bohrtiefe mehr als 20 m unter Gelände); 8 — Peilstangenbohrung; 9 — Schurf; 10 — Bohrung, Peilstangenbohrung, Schurf mit bodenphysikalischer Untersuchung; 11 — Bohrung, Peilstangenbohrung, Schurf mit chemischer Wasseruntersuchung; 12 — Bohrung mit Wasserstandsmessung; 13 — Bohrung durch Ingenieurgeologen aufgenommen; 14 — ingenieurgeologische Begutachtung liegt vor. (Bei den Abb. 1—3 wurde die vollständige Legende angegeben, obwohl einzelne Signaturen im Kartenausschnitt nicht auftreten.)

Blatt Berlin-Nord, geologisch und agronomisch bearbeitet durch C. DIETZ 1932. Außerdem wurden für die Aufstellung der Karte neuere Bohrungen ausgewertet.

Allgemeine geologische Übersicht

Der Stadtbezirk Berlin-Mitte gehört — geologisch gesehen — dem Berliner Urstromtal, in dem heute die Spree mit ihren Seitenarmen fließt, und der Barnim-Hochfläche an. Auf Grund der morphologischen Verhältnisse ergeben sich Höhenunterschiede zwischen 34 m über NN im Urstromtal in der Nähe der Spree und 52 m über NN auf der Barnim-Hochfläche.

Die geologische Karte gibt weiterhin die Lage der äußeren Stadtbefestigung aus dem Jahre 1685, den Verlauf der um 1872 noch vorhandenen offenen Gräben sowie die ungefähre Abgrenzung noch älterer Wasserflächen und Gräben wieder.

Obwohl die Aufschüttungen heute im Berliner Stadtgebiet Mitte einen großen Raum einnehmen, wurde in der geologischen Karte meist die natürliche Geländeoberfläche dargestellt. Aufschüttungen wurden nur an den Stellen in die Karte aufgenommen, wo sie mächtiger als 3 m sind und größere Flächen bedecken.

Die Barnim-Hochfläche

Die Barnim-Hochfläche, die sich nördlich des Berliner Urstromtales erstreckt, wird im wesentlichen von Gletscherschutt (Grundmoräne) gebildet.

Die charakteristische Ablagerung der Hochflächenbildungen ist der Geschiebemergel; außerdem tritt an der Oberfläche Hochflächensand auf. Vielfach sind dem Geschiebemergel auch Sandschichten eingelagert.

In einer 118,12 m tiefen Bohrung in der Brunnenstraße 15 reicht das Pleistozän bis 6,85 m unter NN (= 43,00 m u. Gel.), im Liegenden folgt braunkohleführendes Tertiär.

Das Berliner Urstromtal

Das Berliner Urstromtal ist ein Teil des Warschau—Berliner Urstromtales, in dem vorwiegend Sande verschiedener Körnung anzutreffen sind. Über seinen geologischen Aufbau im Stadtbezirk Berlin-Mitte geben besonders zwei tiefe Bohrungen Aufschluß.

In einer Bohrung in der Heiligen-Geist-Straße haben die pleistozänen Sande feiner, mittlerer und grober Körnung insgesamt eine Mächtigkeit von 40,70 m. Im Liegenden wurden bis 65 m u. Gel. tertiäre Schichten mit kleineren Braunkohlenflözen erbohrt.

In der Bohrung Friedrichstraße 102 reichen die Sandschichten bis 50 m Tiefe, wobei in den unteren Partien durch Auftreten von *Paludina diluviana* das Elster-Saale-Interglazial nachgewiesen ist. Die unterste Schicht des Pleistozäns wird hier bei 50,00—50,50 m u. Gel. durch einen dunklen Geschiebemergel gebildet. Darunter folgen bis 95,00 m miozäne, bis 137,00 m oberoligozäne und bis 256,00 m Tiefe mitteloligozäne Ablagerungen.

Nach dem Abtauen des Inlandeises wurden z. T. zahlreich vorhandene Kolke mit faulschlammhaltigen Sedimenten ausgefüllt, während an den Ufern der Wasserflächen Torfbildung erfolgte. Die organischen Ablagerungen spielen gerade in dem Stadtbezirk Ber-

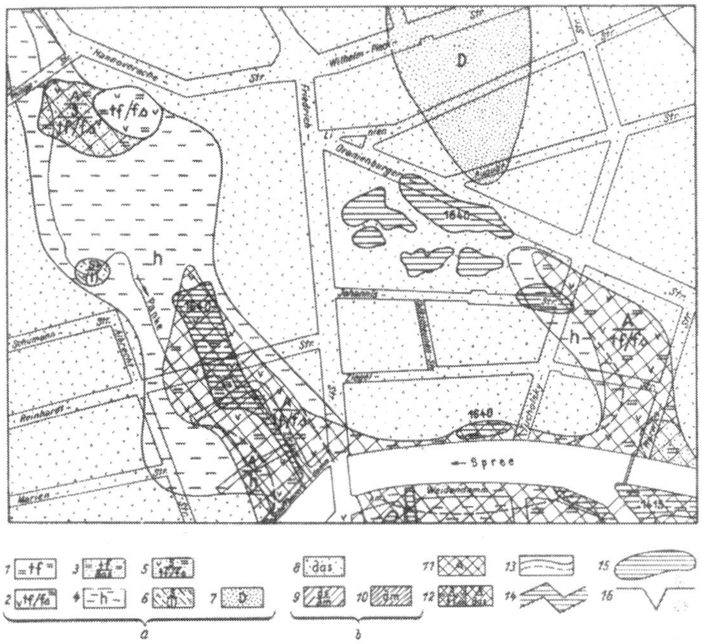

Abb. 2. Ausschnitt aus der geologischen Karte (kartiert bis 3 m)

1 — Torf; 2 — Torf und Faulschlamm, vielfach mit Sandeinlagerungen; 3 — Torf auf Talsand; 4 — humoser Sand, Moorerde; 5 — Sand auf Torf und Faulschlamm unterhalb von 3 m unter Gelände; 6 — Sand mit lehmigen Einlagerungen; 7 — Dünensand; 8 — Talsand; 9 — Hochflächensand auf Geschiebemergel; 10 — Geschiebemergel; 11 — Aufschüttungen > 3 m auf verschiedenem Untergrund; 12 — z. B. Aufschüttungen auf Torf und Faulschlamm bzw. Talsand; 13 — Oberflächengrenze; Untergrundsgrenze; 14 — offene Gräben um das Jahr 1872; 15 — alte verschüttete Wasserflächen und Gräben. Die Zahlen 1415 und 1640 geben den Zustand der damaligen Zeit an; 16 — äußere Begrenzung der Stadtbefestigung im Jahre 1685.
a) Holozän (Alluvium), b) Pleistozän (Diluvium)

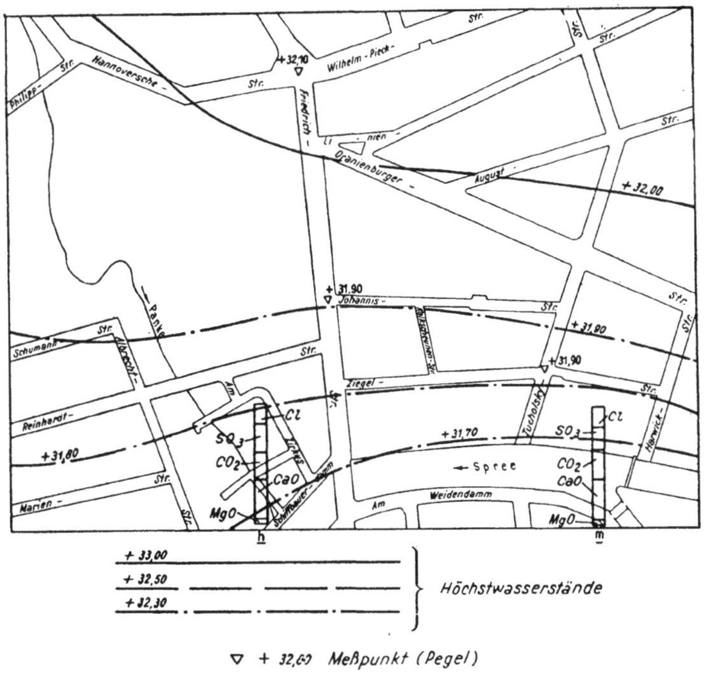

Abb. 3. Ausschnitt aus der Wasserkarte

1 — Wasseranalyse, linkes Profil (Objekt Friedrichstadt-Palast): Cl = 15%, SO_3 = 25%, CO_2 = 22%, CaO = 33%, MgO = 5%, rechtes Profil (Objekt Universitäts-Frauenklinik, Ziegelstraße): Cl = 18%, SO_3 = 20%, CO_2 = 25%, CaO = 33%, MgO = 4%); 2 = Deutsche Härtegrade (sw = sehr weich, w = weich, m = mittelhart, h = hart, sh = sehr hart); 3 — Aggressivität (+ aggressiv, — nicht aggressiv)

lin-Mitte eine große Rolle, da sie in der Nähe der heutigen Spree weit verbreitet sind. Die größte Mächtigkeit holozäner Ablagerungen wurde innerhalb des Kartengebietes bisher in einer Bohrung auf der Museumsinsel festgestellt. Hier ist nach C. DIETZ das Pleistozän erst in einer Tiefe von 48,6 m erreicht worden. Neben diesen Kolken treten organische Ablagerungen — allerdings mitunter nur einige Dezimeter mächtig — auch in ehemals flachen Senken auf.

3. Wasserkarte (Abb. 3)

Im Berliner Urstromtal sind die hydrogeologischen Gegebenheiten verhältnismäßig einheitlich, da hier weit verbreitete grundwasserführende Schichten größerer Mächtigkeit vorkommen. Der Grundwasserspiegel steht mit dem Wasserspiegel der Spree, die den Hauptvorfluter des Gebietes bildet, in Verbindung.

Andere hydrogeologische Verhältnisse liegen im Bereich der Barnim-Hochfläche vor. In niederschlagsreicher Jahreszeit zeigt sich zuweilen bei Sandeinlagerungen in Baugruben ein gewisser Wasserandrang; erst in den Sanden unterhalb des Geschiebemergels ist eine zusammenhängende Grundwasserführung vorhanden.

In der Karte sind die beobachteten Höchstwasserstände dargestellt, die bei Baumaßnahmen in erster Linie berücksichtigt werden müssen. Dagegen kommt den in der Dokumentationskarte angegebenen Wasserständen geringere Bedeutung zu, da es sich hier um Wasserstandsangaben aus verschiedenen Jahreszeiten handelt. Die Angaben der Höchstwasserstände — Ergebnisse von Pegelmessungen — wurden von den Groß-Berliner Wasser- und Entwässerungswerken, Abteilung Grund- und Oberflächenwasser, zur Verfügung gestellt. Mit Hilfe dieser Unterlagen sind Isolinien konstruiert worden, die Punkte gleicher Höchstwasserstände über NN verbinden.

Die im Berliner Stadtgebiet vorkommenden häufigen Grundwasserabsenkungen für Baumaßnahmen und für die Wassergewinnung können gewisse Abweichungen bei der Ermittlung der Wasserstände bewirken. Die vorliegende Karte soll daher nur einen allgemeinen Überblick über die im Stadtbezirk auftretenden Höchstwasserstände geben.

Weiterhin sind in die Wasserkarte die vorhandenen Wasseranalysen in Form von Säulenprofilen eingetragen, die besonders Aufschluß über die im Wasser vorhandenen betonangreifenden Bestandteile geben. Verschiedene Farbgebung kennzeichnet in den Profilen der Originalkarte den prozentualen Anteil der im Wasser enthaltenen chemischen Bestandteile. Bei der Schwarzweißdarstellung (Abb. 3) sind die chemischen Bestandteile des Wassers mit den entsprechenden Symbolen neben dem Profil vermerkt. Ferner wurde ein Hinweis auf die Härte des untersuchten Wassers gegeben (entsprechend den deutschen Härtegraden, z. B. h = hart). Der Chemismus des Wassers ist vom Trümmerschutt stark beeinflußt und wechselt daher örtlich.

4. Baugrundkarte (Abb. 4 und 5)

Die vorliegende Baugrundkarte soll Auskunft darüber geben, wie der Baugrund einer bestimmten Stelle einzuschätzen ist, in welcher Tiefe günstige Baugrundverhältnisse zu erwarten sind und mit welchen Schwierigkeiten zu rechnen ist.

Auf der Karte werden:

a) durch verschiedene Flächenfarben die Art des Baugrundes in 3 m Tiefe gekennzeichnet;

b) durch verschieden gerissene oder ausgezogene Linien angegeben, in welcher Tiefe tragfähiger Baugrund erreicht wird;

c) mit Hilfe einer intensiveren Farbgebung bzw. durch dichtere Schraffuren und Punktierungen in dem Kartenausschnitt Streifen ausgeschieden, in denen unter Berücksichtigung der ausgezogenen oder verschieden gerissenen Linien jeweils zu erkennen ist, welche Baugrundart in verschiedenen Tiefenbereichen ansteht.

Sowohl für die Linien als auch für die Streifen — letztere muß man sich als Profile denken — sind folgende Abstufungen gewählt worden: 3—4 m, 4—6 m, 6—10 m, > 10 m.

In der Tiefenstufe 3—4 m sind Baugrubenausschachtungen ohne Grundwasserabsenkungen noch möglich.

In der Tiefenstufe 6—10 m sind für normale Hochbauten in jedem Falle Tiefgründungen (meist Pfahlgründungen) notwendig.

Die Tiefenstufe größer als 10 m gibt die ungünstigsten ingenieurgeologischen Verhältnisse wieder. Eine Gründung von Bauten ist nur mit größerem Kostenaufwand möglich.

Auf der Originalkarte wurden drei verschiedene Farben verwandt, und zwar Gelb, Braun und Grau. Während die Farben außerhalb der Profillinien eine hellere Tönung haben, sind sie in den Profillinien kräftiger gehalten.

Um dem Betrachter zu zeigen, welcher Baugrund für die übliche Bebauung günstig bzw. ungünstig ist, wurde für Torf, Faulschlamm, humosen Sand und Moorerde eine graue Farbe, für Sand und Geschiebemergel eine gelbe bzw. braune Farbe gewählt.

Die sich durch die verschiedenen Lagerungsfolgen ergebenden Baugrundtypen wurden zu Baugrundtypengruppen zusammengefaßt:

ungünstiger Baugrund
bedingt günstiger Baugrund
günstiger Baugrund

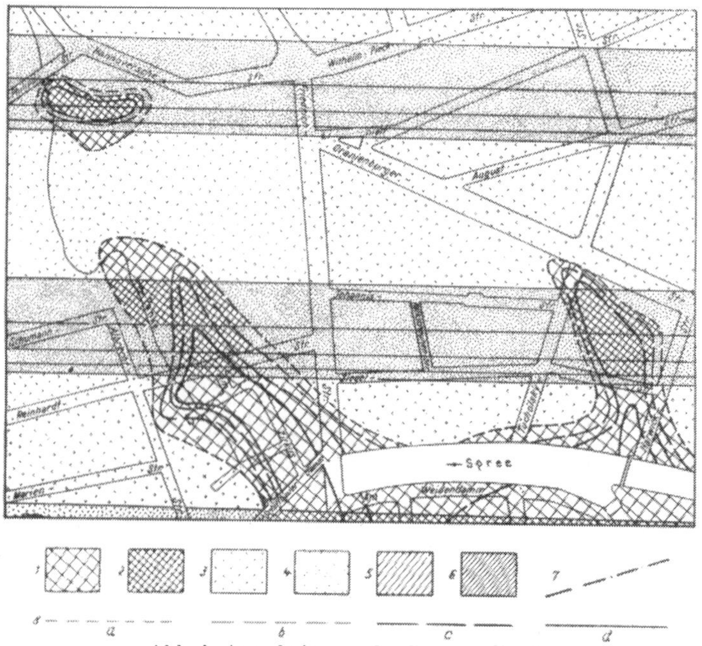

Abb. 4. Ausschnitt aus der Baugrundkarte

1 und 2 — Aufschüttung, Flachmoortorf, Moorerde, humoser Sand; 3 und 4 — Sand; 5 und 6 — Geschiebelehm, Geschiebemergel; 7 — Grenze zwischen den Baugrundtypen; 8a bis d — Tiefenstufen, a — 3 m unter Gelände, b — 4 m unter Gelände, c — 6 m unter Gelände, d — 10 m unter Gelände

Diese Einteilung in Baugrundtypengruppen stellt eine Zusammenfassung einiger Lagerungskombinationen dar und soll dem Planer oder Projektanten eine schnelle Übersicht über die Baugrundverhältnisse vermitteln und Hinweise auf evtl. auftretende Schwierigkeiten bei der Gründung von Bauwerken geben.

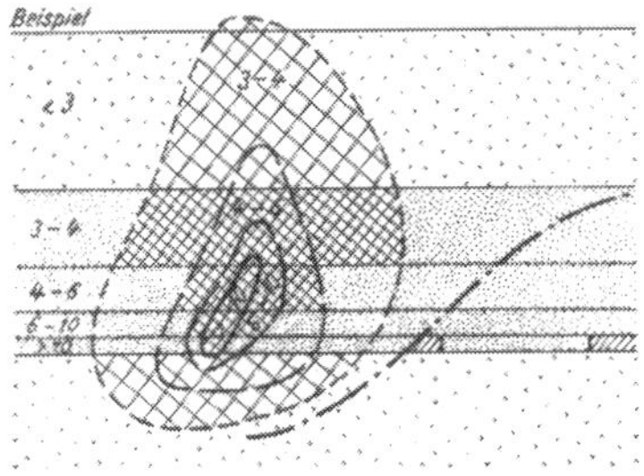

Abb. 5. Beispiel aus einer Baugrundkarte

Ungünstiger Baugrundtyp — Bereiche, in denen bis zu einer Tiefe von 6 m und mehr für die Gründung nicht geeignete Ablagerungen, wie Aufschüttung, Torf, Faulschlamm, anstehen. Hier kommen also im allgemeinen Flachgründungen nicht in Frage.

Bedingt günstiger Baugrundtyp — die Schichtenfolge weist bereits in einer Tiefe ab 4 m für die Gründung günstige Ablagerungen auf.

Günstiger Baugrundtyp — Sand und Geschiebemergel, wenn sie im normalen Gründungsbereich vorhanden sind.

Um Hinweise auf die Grundwasserverhältnisse geben zu können, ist bei der Beurteilung jedes Baugrundtyps die Karte der Höchstwasserstände hinzuzuziehen. Aus dieser Karte geht jedoch nicht hervor, ob die Ausschachtung der Baugrube ohne Wasserbehinderung vorgenommen werden kann. In den Bereichen mit günstigem Baugrund ist im allgemeinen damit zu rechnen, daß bei normalen Flachgründungen bei Baugrubenausschachtungen kein Wasser auftritt. Bei den anderen Baugrundtypen ist meist im Gründungsbereich Wasser zu erwarten.

Für die Benutzung der Karte wird folgender Hinweis gegeben:

Will man wissen, welche Baugrundverhältnisse an einer bestimmten Stelle vorhanden sind, stellt man zunächst fest, in welchem Tiefenbereich sie in der Baugrundkarte liegt. Durch die verschieden gerissenen Linien kann man feststellen, bis zu welcher Tiefe hier ungünstige Ablagerungen (Torf, Aufschüttung, humose Sande usw.) reichen. Unterhalb dieses Tiefenbereiches sind dann günstige Gesteine, z. B. Sand und Geschiebemergel, anzutreffen. Geht durch den zu betrachtenden Standort ein Profil, das in dem Original durch kräftige Farbgebung markiert ist, kann man aus der Farbe der von der betreffenden Tiefenlinie umgrenzten Fläche ablesen, aus welchen Ablagerungen der Baugrund besteht.

Da auch in den nächsten Jahren mit verstärkter Bautätigkeit zu rechnen ist und für die Städteplanung und Projektierung ingenieurgeologische Karten von Berlin gefordert werden, ist beabsichtigt, auch andere Stadtbezirke ingenieurgeologisch zu kartieren.

Zusammenfassung

Die ingenieurgeologische Karte von Berlin, Stadtbezirk Mitte, liegt als Mehrblattkarte im Maßstab 1:4000 vor. Sie besteht aus Dokumentationskarte, geologischer Karte, Wasserkarte und Baugrundkarte. In der Baugrundkarte wird durch Gliederung des tragfähigen Baugrundes in verschiedene Tiefenstufen in Verbindung mit einer Streifenmethode (Profile) eine baugrundmäßige Einschätzung des Kartierungsgebietes für verschiedene Tiefen gegeben.

Резюме

Инженерно-геологическая карта г. Берлина, городского округа Митте, составлена в виде нескольких листов масштаба 1:4000. Она состоит из документационной карты, геологической карты, гидрологической карты и карты строительного грунта. В карте строительного грунта путем подразделения прочного строительного грунта на различные уровни глубины в связи с методом разрезов (профилей) дается оценка участка картирования для различных глубин в отношении пригодности для строительных целей.

Summary

The engineering-geological map of the Central City Ward of Berlin presents itself as a multiple-sheet map drawn to a scale of 1:4000. It consists of the documentation map, geological map, water map and building ground map. In connection with a strip method (profiles) an estimation is given in the building ground map of soils of different depths found in the area mapped and classified into different stages of depth according to their load-carrying capacity.

Die Verwendung von Kleinbohrturbinen beim Kernbohren[1)]

I. A Utkin, M. J. Isajew, M. J. Agaptschew, W. G. Agafonow & A. A. Galiopa, Moskau

Die mechanische Bohrgeschwindigkeit nimmt bei Erhöhung der Drehzahl der Bohrkrone über die zur Zeit üblichen Größen hinaus weiter zu. Auf Grund von Untersuchungsergebnissen (Schreiner 1956) wird angenommen, daß beim Bohren in sprödem und hartem Gebirge ein theoretisches Maximum des Bohrfortschritts erreicht werden kann, indem die Drehzahl der Bohrkrone bis auf einige Tausend U/min erhöht wird.

So konnte beim Bohren mit Hartmetallkronen in Tonschiefer, Kalkstein und Sandstein eine stetige Erhöhung der mechanischen Bohrgeschwindigkeiten bis 1000 U/min beobachtet werden (Pokrowski 1952).

Im Gabbro wurde beim Einsatz von Kronen mit flachen Schneiden festgestellt (Owtschar 1956), daß bei Änderung der Drehzahlen von 190 auf 625 U/min die mechanische Geschwindigkeit auf das 2,4fache und

Tabelle 1

Nr. der Bohrung	Bohrteufenintervalle in m	Kernmarsch in m	Kerngewinn in m	Kerngewinn in %
1	334,80 – 838,0	73,7	20,75	28,1
4	1329,55 – 1412,65	55,05	11,93	21,7
15	721,55 – 1251,90	86,0	29,9	34,8
28	820,25 – 1255,15	28,0	8,55	30,6
		242,75 Summe	71,13 Summe	28,8 Durchschnitt

[1)] Aus: „Raswedka i ochrana nedr", Nr. 9, 1959. Übersetzer: Joksch

Tabelle 2

Bohr-intervall	Kernrohrtyp	Bohrzeit Min.	mech. Bohr-geschwin-digkeit m/h	Bohrregime			Daten der Tonspülung			% Kern-gewinn
				Spülungs-menge l/s	Axiale Last t	Druck der Spülflüssigkeit in at	spez. Gewicht g/cm³	Viskosität Sp W – 5	Wasser-abgabe cm³/30 min	
525 – 530	Doppelkernrohr mit stillstehendem Innenrohr (DmsI)	95	3,3	14	4 – 5	110 – 120	1,26	30	9	30
535 – 540	„	100	3,3	15	4 – 5	120	1,26	32	9	30
540 – 545	„	80	4,0	15	4 – 5	120	1,26	32	9	30
545 – 550	Einfachkernrohr (E)	150	2,5	15	4 – 5	140	1,26	32	9	100
700 – 705	DmsI	100	3,3	15	4 – 5	130 – 140	1,26	35	8	100
705 – 710	E	135	2,4	15	4 – 5	140 – 150	1,26	35	8	50
710 – 715	E	105	3,3	14	4 – 5	130	1,23	35	8	90
715 – 720	E	225	1,5	14	4 – 5	120 – 130	1,23	35	8	88
720 – 725	DmsI	80	4,0	14	4 – 5	120	1,23	35	8	25
725 – 730	E	150	2,5	14	4 – 5	120	1,23	35	8	75
730 – 735	E	135	2,4	14	4 – 5	120	1,23	35	8	90
735 – 740	E	120	2,5	14	4 – 5	120	1,23	35	8	55
740 – 745	E	110	3,0	14	4 – 5	130	1,23	35	8	50
745 – 750	E	120	2,5	14	4 – 5	130	1,23	35	8	100
					Mittelwerte					
–	DmsI	–	3,5	14 – 15	4 – 5	120 – 130	–	–	–	48
–	DmsI	–	4,0	–	–	–	–	–	–	25
–	E	–	2,5	–	–	–	–	–	–	80

daß beim Bohren mit Flachdiamantkronen (d = 46 mm) und einer Erhöhung der Drehzahl von 750 auf 1500 U/min der Bohrfortschritt auf das 2,85fache anwächst. Unter den gleichen Bedingungen steigt die mechanische Geschwindigkeit bei Bohrungen im Granit auf das 1,7fache.

Im quarzitischen Gestein kann die Bohrgeschwindigkeit bei einer Erhöhung der Drehzahl bis zu 3000 U/min anwachsen (Minin & Pogarski 1956). Ungeachtet der Vergrößerung der Bohrgeschwindigkeit durch Erhöhung der Drehzahl der Bohrkrone beim Niederbringen von Bohrungen mit Teufen von 800—1000 m dürfen aber selbst bei neuen Maschinen vom Typ SIF die Drehzahlen 350—400 U/min nicht überschritten werden.

Diese Einschränkung wird bedingt durch die Übertragung der Drehbewegung und des Achsdruckes auf die Bohrlochsohle von über Tage mit Hilfe des elastischen Systems von Bohrstangen. Folglich kann der Bohrfortschritt in erster Linie bei Verwendung eines Turbinenantriebes an der Bohrlochsohle erhöht werden. Das Turbinenbohren ist im Vergleich zum Rotary- und Craeliusbohren wirtschaftlicher, da die mechanische Geschwindigkeit beim Turbinenbohren um das 1,8fache höher als beim Rotarybohren und um das 5fache höher als mit der Anlage SIF 1200 A ist.

Die Verwendung der Bohrturbinen TS 4—5″ beim Niederbringen von Struktur- und Erkundungsbohrungen in Baschkirien ergibt sogar die Möglichkeit, die mechanische Geschwindigkeit um das 5fache zu steigern.

Ein wichtiges Moment bei der Erhöhung der Produktivität des Turbinenbohrens ist die Verminderung von Havarien an den Bohrgestängen. So konnte z. B. beim Trust Baschsapadnefteraswedka der Havariebeiwert bei Turbobohrungen von 4,78 auf 1,28 im Vergleich zum Rotarybohren gesenkt werden. Jedoch wurden beim Kernbohren die Kleinturbinen (d = 127 mm) wegen des nicht zufriedenstellenden Kerngewinnes nur wenig eingesetzt. Wie aus Tab. 1 hervorgeht, ist der durchschnittliche prozentuale Kerngewinn bei Verwendung des Turbomeißels KDT 3—5″ (127 mm) nicht höher als 28%. Dieses Ergebnis genügt nicht den Anforderungen. Außerdem ermöglichen die konstruktiven Besonderheiten der Turbomeißel KDT 3—5″ nicht die Gewinnung von Kernen mit einem größeren Durchmesser als 25 mm. Zur Verbesserung von Kleinturbinen für Kernbohrungen wurden 1958 in der WITR Versuche zur Ermittlung der rationellsten Konstruktionen von Kerngeräten und Kronen, die eine gute Kernentnahme ermöglichen, durchgeführt.

So wurden einige Typen von Doppelkernrohren für erodiertes und rissiges Gestein und ein Einfachkernrohr zum Bohren im monolithischen Gebirge entwickelt. Die Bohrkronen sind mit Schneiden aus einer harten Legierung mit einem Durchmesser von 5 mm besetzt. Die Anzahl der Schneiden auf der Krone wird nach der Formel

$$t = \frac{R_{hydr.}}{S_0}$$

berechnet, wobei bedeutet: $R_{hydr.}$ = hydrostatische Last auf die Welle der Bohrturbine in kg, S_0 = zulässige Last auf eine Schneide in kg.

Bei Beachtung der gegebenen Abhängigkeit werden die günstigsten Betriebsbedingungen der Bohrturbine

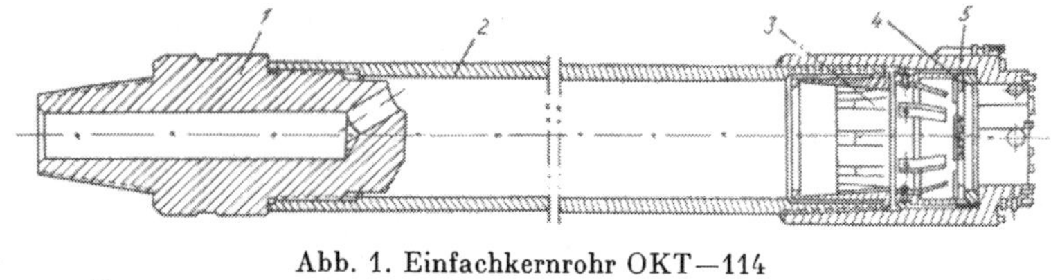

Abb. 1. Einfachkernrohr OKT—114
1 – Übergang; 2 – Kernrohr; 3 – Federkernfänger; 4 – Klinkenkernfänger; 5 – Krone

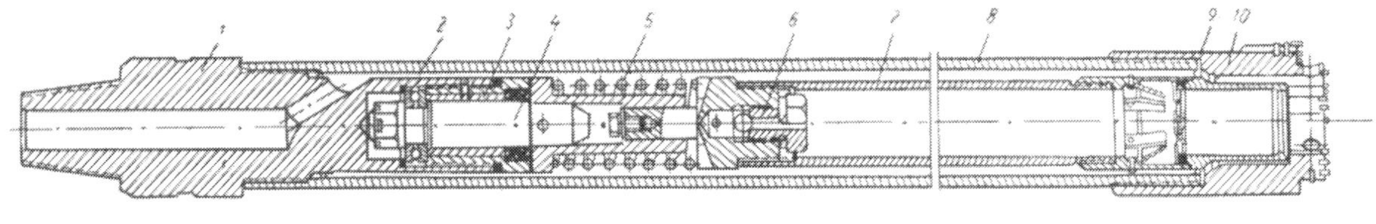

Abb. 2. Doppelkernrohr DKT—114

1 – Übergang; 2 – Stützlager; 3 – Bronzebuchse; 4 – Welle; 5 – Feder; 6 – Gegenventil; 7 – Kernaufnahmerohr; 8 – Kernrohr; 9 – Kernfänger; 10 – Krone

bei der Anwendung von solchen Lasten gewährleistet, bei denen die Reibungskräfte an der Turbinensohle am kleinsten und der Wirkungsgrad der Turbine am größten sind.

Die Bohrturbine TSTSCHM—5″ mit Kernrohr und Hartmetallkrone wurde im gasführenden Sandstein der IV.—V. Bohrfähigkeitskategorie in der Swidnizker Ebene vom Trust Lwow-Neftegasraswedka von einer Anlage BU—40 mit einer U8—3-Pumpe erprobt.

Aus den Versuchsergebnissen in Tab. 2 geht hervor, daß die Bohrturbine TSTSCHM—M5″ mit Doppel- und Einfachkernrohren (von der WITR entwickelt) bei einer durchschnittlichen mechanischen Bohrgeschwindigkeit von 3,3 m/h einen Kerngewinn von 50—80% gewährleistet. Die Verwendung eines Kernrohres mit Rollenkrone SDK Nr. 8 ermöglicht dagegen beim Rotarybohren höchstens einen Kerngewinn von 20—30% bei einer mechanischen Geschwindigkeit von 1,16 m/h.

Die durchgeführten Arbeiten zeigen die Eignung der Bohrturbine TSTSCHM—5″ für Kernbohrungen. Außerdem wurde festgestellt, daß sich die Kernrohre mit einer Länge von 6 m bei Bohrkronen-Drehzahlen von 700—900 U/min nicht negativ auf die Arbeit der Bohrturbine TSTSCHM—5″ auswirken.

Bei den Versuchen ergab sich auch, daß man Hartmetallkronen am rationellsten in Gebirgen der VII. Bohrfähigkeitskategorie einsetzt. In Gebirgen mit höheren Bohrfähigkeitskategorien nutzen sich dagegen die Kronen bei Drehzahlen von 800—900 U/min rasch ab.

Abb. 1 u. 2 zeigen verschiedene Varianten von Kernrohren, die zum Turbinenkernbohren in Gebirgen bis zur VII. Bohrfähigkeitskategorie empfohlen werden.

Der Durchmesser dieser Hartmetallkronen beträgt 145 mm, wobei die Möglichkeit besteht, ohne Erweiterung des Bohrloches auf einfaches Bohren (ohne Kern) mit Rollenmeißeln vom Typ 23E—6WT (145 mm), die in der Erdölindustrie verwendet werden, überzugehen.

Die Konstruktion der Kernrohre und Kronen gestattet, bei einigen Kleinbohrturbinen einen Kern von 55—70 mm Durchmesser zu entnehmen, was bei Verwendung der Turbinenmeißel KDT 3—5″ nicht möglich ist.

Schlußfolgerungen

1. Kleinbohrturbinen TSTSCHM—5″ mit Kernrohren und Hartmetallkronen, die bei der WITR entwickelt wurden, können mit Erfolg beim Kernbohren angewendet werden, da sie 50—80% Kerngewinn mit einem Durchmesser bis 70 mm ohne Senkung des Bohrfortschritts gewährleisten.

2. Für die Bohrturbine TSTSCHM—5″ mit 10—12 U/sec werden Hartmetallkronen bei Gebirgen bis zur VII. Bohrfähigkeitskategorie empfohlen (nach ENW — 1953).

Literatur

MININ, A. A. & A. A. POGARSKI: Die Erhöhung der mechanischen Geschwindigkeit des gestängelosen Elektrobohrers. — Erdölwirtschaft, Nr. 3, 1956.

OWTSCHAR, I. P.: Die Einführung des Turbinenbohrens bei der Erkundung fester Bodenschätze. — Bull. wiss. techn. Informat. MG u. ON, Nr. 3 (15), 1956.

POKROWSKI, G. N.: Ergebnisse der Erprobung eines Elektrogesteinsbohrers. — Ugol, Nr. 1, 1952.

SCHREINER, C. A.: Der Einfluß der Drehzahlen auf die Bohrgeschwindigkeiten bei der Verwendung von Rollenmeißeln. — Erdölwirtschaft, Nr. 5, 1956.

XXI. Internationaler Geologenkongreß 1960 in Kopenhagen

JOACHIM LAMPRECHT & HORST ULBRICH, Berlin

Der XXI. Internationale Geologenkongreß, zu dem das Organisationskomitee der fünf nordischen Länder, Dänemark, Finnland, Schweden, Island und Norwegen, die Geologen aller Staaten eingeladen hatte, fand vom 15. bis 25. August 1960 in Kopenhagen statt. Diese fünf Länder hatten bereits 1956 auf dem XX. Internationalen Geologenkongreß in Mexiko mitgeteilt, daß sie 1960 im Norden Europas den nächsten Kongreß organisieren wollen.

Etwa 2600 Vertreter der geologischen Wissenschaften und verwandter Fachdisziplinen aus 93 Ländern der Erde hatten sich in der durch friedliche internationale Treffen bekannten Millionenstadt Kopenhagen eingefunden, um durch Vorträge und Diskussionen, Symposien, Treffen und Beratungen in Kommissionen den neuesten Stand auf den Gebieten der Geowissenschaften zu erörtern.

Die Deutsche Demokratische Republik wurde auf dem XXI. Internationalen Geologenkongreß durch eine aus 80 Wissenschaftlern (Geologen, Mineralogen, Geophysiker) bestehende offizielle Delegation vertreten.

Die wissenschaftlichen und organisatorischen Vorbereitungsarbeiten für die Teilnahme unserer Delegation wurden vom Nationalen Komitee der DDR sowie in der unmittelbaren Vorbereitungsphase von seinem zusätzlich geschaffenen Organisationsausschuß geleistet.

Dem Nationalen Komitee der Deutschen Demokratischen Republik, das 1958 gegründet wurde, gehören unter

Vorsitz des Rektors der Ernst-Moritz-Arndt-Universität Greifswald und Vorsitzenden der Geologischen Gesellschaft in der DDR, Professor Dr. H. WEHRLI, namhafte Professoren der geologischen Wissenschaften an.

Die Gesamtdelegation der Deutschen Demokratischen Republik stand unter Leitung des offiziellen Regierungsdelegierten (Head Delegate), Professor Dr. O. OELSNER, Rektor der Bergakademie Freiberg (Sa.).

Er leitete ferner die Regierungsdelegation der Deutschen Demokratischen Republik zum XXI. Internationalen Geologenkongreß, der vier offizielle Regierungsdelegierte, unter ihnen Verdienter Wissenschaftler des Volkes Professor Dr. A. WATZNAUER, Freiberg (Sa.), angehörten.

Die weiteren 75 Wissenschaftler bildeten folgende 16 Berufsdelegationen:

1. Geologische Gesellschaft in der DDR
2. Deutsche Akademie der Wissenschaften zu Berlin
3. Staatliche Geologische Kommission, Berlin
4. Geologischer Dienst Freiberg (Sa.)
5. Geologischer Dienst Halle (Saale)
6. Geologischer Dienst Jena
7. Geologischer Dienst Mitte (Berlin)
8. Geologischer Dienst Schwerin
9. VEB Geophysik, Leipzig
10. VEB Erdöl-Erdgas-Kombinat, Gommern
11. VVB NE-Metallindustrie, Eisleben
12. Bergakademie Freiberg (Sa.)
13. Humboldt-Universität Berlin
14. Ernst-Moritz-Arndt-Universität Greifswald
15. Universität Rostock
16. Delegation verschiedener Universitäten und Hochschulen

Der XXI. Internationale Geologenkongreß in Kopenhagen begann mit einer festlichen Eröffnungsveranstaltung für alle Teilnehmer, auf der Herr VIGGO KAMPMANN, Premierminister von Dänemark, das Wort zur Begrüßung der Gäste ergriff, und endete nach Tagen erfolgreicher Arbeit am 25. August 1960 mit einer Abschluß-Generalversammlung.

Die Arbeit des Kongresses wurde von einem Büro geleitet. Zum Präsidenten des Büros, dem höchsten Organ der XXI. Internationalen Tagung, wurde während der Eröffnungssitzung auf Vorschlag des Präsidenten des XX. Internationalen Geologenkongresses 1956 in Mexiko, Ing. A. GARCIA ROJAS, der Vorsitzende des Organisationskomitees für den XXI. Internationalen Geologenkongreß, Professor Dr. ARNE NOE-NYGAARD (Dänemark), von den offiziellen Delegierten gewählt.

Als Generalsekretäre wurden von den Delegierten der Sekretär des bisherigen Organisationskomitees, Dr. TH. SORGENFREI (Dänemark), und der Sekretär des Norwegischen Nationalen Komitees, Dr. J. A. DONS (Norwegen), durch Abstimmung bestätigt.

Die Hauptdelegierten der einzelnen offiziell angemeldeten Länder wurden in das Büro aufgenommen. — Die Versammlung billigte weiterhin einen Vorschlag, die Präsidenten und Generalsekretäre der vergangenen Kongresse als Mitglieder in den Rat und das Büro aufzunehmen. Dem Büro gehörten somit über 60 namhafte Wissenschaftler aus aller Welt an. Es hatte die Aufgabe, die Tagung zu leiten und die Ratssitzungen (Council) im kleineren Kreis vorzubereiten.

Der Leiter unserer DDR-Delegation, Professor Dr. O. OELSNER, war gleichberechtigtes Mitglied des Büros mit Sitz und Stimme für die Deutsche Demokratische Republik.

Die Hauptdelegierten einiger wichtiger Länder waren:

Hauptdelegierte	Land
TROFIMUK, A. A.	Belorussische SSR
YOVCHEV, J.	VR Bulgarien
FERNANDO, L. J. D.	Ceylon
ZOUBEK, VL.	ČSSR
NOE-NYGAARD, A.	Dänemark
OELSNER, O.	DDR
MARMO, V.	Finnland
JACOB, C.	Frankreich
HAWKENS, L.	Großbritannien
KOENIGSWALD, G. H. VON	Holland
ROY, B. C.	Indien
THORARINSSON, S.	Island
GARCIA ROJAS, A.	Mexiko
BARTH, T. F. W.	Norwegen
SMULIKOWSKI, K.	VR Polen
LINDBERGSON, K. A.	Schweden
VONDERSCHMITT, L.	Schweiz
SEMENENKO, N. P.	Ukrainische SSR
SZÁDECZKY-KARDOSS, E.	VR Ungarn
NALIWKIN, D. W.	UdSSR
NOLAN, T. B.	USA
HIGAZY, R. A. M.	VAR
BENTZ, A.	Westdeutschland

Auf der Eröffnungssitzung konstituierte sich der Rat. Ihm gehörten neben einigen Ehrenmitgliedern die offiziellen Delegierten an, die durch Einladung des Organisationskomitees in Kopenhagen ernannt worden waren. Das waren unter anderen auch unsere fünf Regierungsdelegierten sowie die Leiter der 16 Berufsdelegationen. Sie erhielten in Kopenhagen ihr stimmberechtigtes Mandat und nahmen an den folgenden Ratssitzungen mit Sitz und Stimme teil. Im Rat waren von den ca. 2600 Kongreßteilnehmern insgesamt über 450 Wissenschaftler fast aller Länder als offizielle Delegierte vereinigt.

Nach der Eröffnungssitzung fanden während des Kongresses vier Bürositzungen und sechs Ratssitzungen statt.

Im Büro und im Rat wurden unter Leitung des Generalsekretärs, Dr. TH. SORGENFREI (Dänemark), u. a. drei wichtige Fragen behandelt:

A. Bildung einer Internationalen Geologischen Union
B. Festlegung eines neuen Abstimmungsverfahrens für den Rat
C. Festlegung des Tagungsortes für den XXII. Internationalen Geologenkongreß 1964

A. Bildung einer Internationalen Geologischen Union

Auf der Eröffnungssitzung des Kongresses war die Behandlung dieser Probleme kurzerhand ohne geäußerte Gegenmeinungen an das Büro verwiesen worden, das sich auf seiner ersten Sitzung damit sehr gründlich beschäftigte.

Die Frage der Gründung einer solchen Union tauchte das erste Mal nach dem letzten imperialistischen Krieg auf dem XVIII. Internationalen Geologenkongreß 1948 in London wieder auf und wurde seitdem während der Kongresse 1952 in Algier und 1956 in Mexiko stets ohne konkretes Ergebnis behandelt.

Für die Bildung der Union wurden im wesentlichen zwei Gründe genannt:

1. Es soll ein ständiges Organ gebildet werden, das sich mit den internationalen geologischen Fragen befassen kann.

Dabei wurde darauf hingewiesen, daß ähnlich, wie durch das Bestehen der Internationalen Union für Geophysik und Geodäsie (IUGG) die Zusammenarbeit im Internationalen Geophysikalischen Jahr gefördert werden konnte, auch die Internationale Geologische Union, wird sie gegründet, sehr fördernd die international zur Debatte stehenden geologischen Probleme zu verwirklichen helfen könnte. Ohne ein ständiges Organ erscheint es schwierig, internationale geologische Untersuchungsprojekte in die Wege zu leiten. Es wurde auf die große Hilfe hingewiesen, die eine bestehende Union zum Beispiel allein bei der Bearbeitung und Fertigstellung geologischer Weltkarten leisten könnte.

2. Durch die Mitgliedschaft der Internationalen Geologischen Union im Internationalen Rat Wissenschaftlicher Unionen (ICSU) könnten sich die Geologen auch an solchen internationalen Projekten beteiligen, die eine enge Zusammenarbeit mit anderen Wissenschaften erfordern.

Die durch diese Internationale Geologische Union ermöglichte enge Zusammenarbeit aller Wissenschaftler erhält z. B. entscheidende Bedeutung für die Lösung der Probleme des Vulkanismus und der interplanetarischen Erforschung des Weltraums.

Professor Dr. L. HAWKENS (Großbritannien) erklärte dazu, daß eine Internationale Geologische Union die Tätigkeit der Internationalen Geologenkongresse nicht hindern, sondern nur fördern könnte, falls dies erwünscht wäre. Beide Organe sollten selbständig und unabhängig ihre Aufgaben lösen und unter Wahrung dieses Grundsatzes künftig fruchtbar zusammenarbeiten und sich ergänzen.

Bereits vor dem XXI. Internationalen Geologenkongreß war vom Britischen Nationalen Komitee ein Statutenentwurf für eine Internationale Geologische Union ausgearbeitet, veröffentlicht und allen bestehenden Nationalen Komitees sowie den Teilnehmern am Kongreß vor der Tagung in schriftlicher Form (3. Circular) zugesandt worden.

Das Nationale Komitee der DDR hatte unter Leitung seines Vorsitzenden, Professor Dr. H. WEHRLI, am 3. Juni 1960 in Berlin zu diesem Statutenentwurf eingehend Stellung genommen und kam nach Empfehlung einiger Abänderungs- und Zusatzvorschläge zu dem Beschluß, die Bildung einer Internationalen Geologischen Union zu unterstützen. Weiterhin wurde der Entwurf als gute Diskussionsgrundlage für die Büro- und Ratssitzungen in Kopenhagen gewertet.

Die Nationalen Komitees Hollands und der Schweiz hatten, entgegen dem britischen Vorschlag zur möglichst schnellen Gründung einer Union, ebenfalls bereits vor dem Kongreß schriftlich ihre Bedenken geäußert, voreilig eine solche Union zu gründen, und vorgeschlagen, eine Kommission zu benennen, die untersuchen soll, ob die Bildung einer Internationalen Geologischen Union überhaupt zweckmäßig und erwünscht sei.

Auf den Büro- und Ratssitzungen in Kopenhagen unterstützten besonders die Vertreter der fünf nordischen gastgebenden Länder auf der Grundlage des britischen Statutenentwurfs die Bemühungen, noch während des Kongresses die Gründung der Internationalen Geologischen Union durch den Rat vollziehen zu lassen.

Der bereits fixierte Vorschlag des Britischen Nationalen Komitees sowie der Gegenvorschlag der Nationalen Komitees Hollands und der Schweiz, vorerst eine Untersuchungskommission zu ernennen, bildeten in den Büro- und Ratssitzungen die Grundlage einer sehr lebhaften Diskussion.

In den Aussprachen wurde vom Österreichischen Nationalen Komitee eine dritte Meinung vorgetragen. Es empfahl, vor der Gründung einer Internationalen Geologischen Union einen ständigen Rat für die Internationalen Geologenkongresse mit festem Sitz zu bilden. Dieser Rat sollte eine Zentralautorität für die Kongresse und ihre Kommissionen darstellen (Ständiges Internationales Büro, Archiv usw.). Die Statuten der Internationalen Geologischen Union könnten dann gemeinsam mit den Behörden der einzelnen Länder vorbereitet werden.

Der Hauptdelegierte der Belorussischen SSR, Professor Dr. A. A. TROFIMUK, verwies auf die gute Tradition der bisherigen Internationalen Geologenkongresse und war der Meinung, daß es, falls die zu gründende Internationale Geologische Union von den Internationalen Geologenkongressen vollständig unabhängig und ihnen gegenüber ohne Verantwortlichkeit sein soll, sinnvoller wäre, die Statuten und die Zusammensetzung der Kongresse so zu verbessern, daß damit die Aufgaben einer Union gelöst werden könnten. Er wies ebenfalls auf die Notwendigkeit hin, die Arbeit in der Zeit zwischen den im Abstand von vier Jahren stattfindenden Kongressen zu aktivieren. Persönlich war Prof. Dr. A. A. TROFIMUK der Meinung, daß, falls man sich zur Gründung einer Internationalen Geologischen Union entschließen würde, diese gegenüber den Internationalen Geologenkongressen nicht als getrenntes Organ wirken sollte. Er empfahl, ebenso wie der Hauptdelegierte der UdSSR, Professor Dr. D. W. NALIWKIN, zur Klärung des Verhältnisses der Union zu den Kongressen eine Untersuchungskommission entsprechend dem Vorschlag Hollands und der Schweiz zu benennen, in der die Delegationen der Sowjetunion mitarbeiten würden.

Andere Delegierte sprachen sich ebenfalls dafür aus, eine Kommission zu berufen, die den britischen Statutenentwurf eingehend überprüfen und die Ziele und Aufgaben der Internationalen Geologischen Union eindeutig formulieren soll.

Es wurde auch die Befürchtung laut, daß bei nicht klarer Definition des Verhältnisses beider Organe zueinander unter Umständen die Eigeninitiative der Kongresse durch die Union beeinträchtigt werden könnte.

Die DDR-Delegation kam im Verlauf der Diskussion zu der Meinung, der Gründung einer Union im Prinzip, aber nicht sofort auf dem Kongreß, zuzustimmen und durch eine Kommission das Verhältnis von Kongreß zu Union klären zu lassen.

Zur weiteren Beratung wurde auch je ein Vertreter der UNESCO und des Rates der Wissenschaftlichen Unionen (ICSU) hinzugezogen.

Sie empfahlen, die Gründung einer Internationalen Geologischen Union möglichst noch auf dem Kongreß vorzunehmen, damit diese Union im September 1961 auf der Generalversammlung der ICSU als 14. Mitglied aufgenommen werden könnte.

Der UNESCO-Vertreter sagte die Unterstützung durch seine Organisation zu, betonte, daß die UNESCO ihr eigenes wissenschaftliches Programm hat, und erwähnte, daß man sich zur Zeit mit dem Projekt der internationalen seismologischen Untersuchung beschäftigt. Da auf diesem Gebiet eine Zusammenarbeit mit den Geologen unerläßlich ist und eine Internationale Geologische Union nicht existiert, mußte sich die UNESCO bisher in solchen Fragen mit der Internationalen Union für Geophysik und Geodäsie (IUGG) in Verbindung setzen, die natürlich die umfassenden geologischen Belange nicht vertreten kann. Es wird immer notwendiger, auch die Geologen als Ratgeber zur Mitarbeit heranzuziehen.

Auf der Grundlage der Diskussionen wurde eine unter Leitung von Professor Dr. N. BELJAJEWSKY (UdSSR) arbeitende und aus elf Wissenschaftlern bestehende Untersuchungskommission gebildet, die von den Büromitgliedern den Auftrag erhielt, ihre Arbeit aufzunehmen und ihnen das Ergebnis noch während des Kongresses vorzulegen.

Nach Beendigung ihrer Arbeit unterbreitete die Untersuchungskommission dem Büro und dem Rat ihre Empfehlungen.

Ziel und Zweck der Internationalen Geologischen Union sollen sein:

1. das Studium geologischer Probleme zu fördern und zu unterstützen,
2. die internationale Zusammenarbeit auf dem Gebiet der Geologie und der verwandten Wissenschaften zu erleichtern,
3. die Kontinuität der internationalen Zusammenarbeit in der Geologie und den verwandten Wissenschaften zu sichern,
4. die Internationalen Geologenkongresse zu unterstützen, d. h. die traditionsreiche Tätigkeit der Kongresse auch künftig zu schützen.

Es wurde daraufhin vom Büro vorgeschlagen, daß die Untersuchungskommission ihre Tätigkeit als Organisationskomitee zur Bildung einer Internationalen Geologischen Union über den Kongreß hinaus fortsetzen und einen überarbeiteten Statutenentwurf für die Union vorbereiten soll. Ferner wurde vorgeschlagen, in dieses Komitee den Präsidenten und die beiden Generalsekretäre des XXI. Internationalen Geologenkongresses mit aufzunehmen. — Diese Vorschläge wurden vom Rat bestätigt.

Nach dem Kongreß wurden die Nationalen Komitees der einzelnen Länder von dem Organisationskomitee im September noch einmal gebeten, ihre Stellungnahme zu dem britischen Statutenentwurf bzw. ihre Abänderungsvorschläge oder Verbesserungen bis zum 15. Oktober 1960 schriftlich nach Kopenhagen einzureichen. — Daraufhin hat das Nationale Komitee der DDR seine Meinung und seine Wünsche noch einmal schriftlich dargelegt und sein weiteres Interesse an der Mitarbeit bekundet.

Danach wurde dem Nationalen Komitee der DDR ein überarbeiteter Statutenentwurf vom Organisationskomitee aus Kopenhagen zugeleitet, der am 27. Januar 1961 in einer Sitzung beraten wurde.

Im Ergebnis dieser Beratung erklärte die Geologische Gesellschaft in der DDR in Übereinstimmung mit dem Nationalen Komitee der DDR am 11. Februar 1961 schriftlich die Mitgliedschaft in der Internationalen Union der Geologischen Wissenschaften (IUGS). Dieses Schreiben wurde vom Generalsekretär, Dr. SORGENFREI, am 24. Februar 1961 bestätigt.

Die Gesellschaft wird in dieser Union die Interessen aller Geologen der Deutschen Demokratischen Republik vertreten.

Der Name „Internationale Union der Geologischen Wissenschaften" wurde vom Organisationskomitee für diese Vereinigung vorgeschlagen, um künftig Verwechslungen mit der Internationalen Geographischen Union (IGU) zu vermeiden.

Der Präsident des XXI. Internationalen Geologenkongresses, Professor Dr. ARNE NOE-NYGAARD, Kopenhagen, teilte mit, daß die anwesenden Mitglieder des Organisationskomitees zur Gründung der Internationalen Union der Geologischen Wissenschaften auf ihrer Sitzung im Dezember 1960 in Kopenhagen Einverständnis über den Vorschlag erzielten, daß Dr. TH. SORGENFREI, Kopenhagen, als Erster Sekretär der neu zu gründenden Union amtieren soll. Dr. TH. SORGENFREI erklärte sich bereit, diese Aufgabe zu übernehmen.

Die ursprünglich in Den Haag vorgesehene Gründungsversammlung der IUGS fand, kurzfristig verlegt, am 9. und 10. März 1961 im UNESCO-House in Paris statt. Das Nationale Komitee der DDR hatte hierzu eine offizielle Einladung erhalten und als Vertreter der DDR Professor Dr. O. OELSNER, Rektor der Bergakademie Freiberg (Sa), und Dr. R. DABER, stellvertretender Vorsitzender der Geologischen Gesellschaft in der Deutschen Demokratischen Republik, benannt.

Durch eine wissenschaftsfeindliche Verzögerungstaktik des Allied-Travel-Office in Westberlin bei der Reisepaßbearbeitung wurde die persönliche Anwesenheit unserer benannten Vertreter an der Gründungsversammlung der IUGS in Paris verhindert.

(Zu gegebener Zeit wird ein Bericht über die Gründung der IUGS in dieser Zeitschrift erscheinen.)

B. Festlegung eines neuen Abstimmungsverfahrens für den Rat (Council)

Bis zum Kongreßbeginn blieb die Mehrzahl der Delegierten im unklaren über den Abstimmungsmodus im Rat und im Büro, da von den Nationalen Komitees der Schweiz und Hollands, wie schriftlich angekündigt wurde, am 30. November 1959 ein Vorschlag an das Organisationskomitee in Kopenhagen eingereicht worden war, der vorsah, zu untersuchen, ob es nicht zweckmäßiger sei, ein neues Abstimmungssystem in den Ratssitzungen einzuführen. Da der volle Wortlaut dieses Vorschlages jedoch erst auf der 2. Ratssitzung verlesen wurde, blieb es vorher offen, ob dieser allgemein nicht bekannte Vorschlag bereits auf den XXI. Internationalen Geologenkongreß Anwendung finden sollte.

Zu Beginn des Kongresses brachte der Generalsekretär, Dr. TH. SORGENFREI, einen Vorschlag des Organisationskomitees ein, das Abstimmungsverfahren u. a. so zu vereinfachen, daß nicht wie auf früheren Kongressen alle offiziellen Delegierten bei Abstimmungen im Rat befragt werden, sondern daß das Stimmrecht nur auf die Büromitglieder, bestehend aus den Hauptdelegierten, zu beschränken ist.

Dieser Vorschlag lief darauf hinaus, dem Büro weitergehende Rechte gegenüber dem Rat einzuräumen.

Professor Dr. H. M. E. SCHÜRMANN (Holland) machte den Generalsekretär auch im Namen der Ratsmitglieder darauf aufmerksam, daß eine solche Begrenzung der Rechte im Gegensatz zu den Statuten stehe, die jedem Delegierten des Rates das Stimmrecht zusichern.

Es wurde daraufhin empfohlen, das Abstimmungssystem und die Vertretung im Rat und Büro nochmals zu überprüfen.

Eine damit beauftragte Kommission legte dem Büro und dem Rat nach eingehender Beratung folgende Empfehlungen vor:

1. Den Nationalen Komitees der einzelnen Länder fällt in Zukunft eine weit bedeutendere Aufgabe als bisher zu. Mit ihrer Hilfe sollen die Organisationskomitees der künftigen Kongresse eine vollständige Liste der geologischen Institutionen im Weltmaßstab zusammenstellen, damit sie alle rechtzeitig Einladungen zur Benennung von Delegierten erhalten können. Ferner soll künftig vor Eröffnung eines Kongresses durch Listen bekanntgegeben werden, welche Institutionen Einladungen angenommen haben und wer mit Stimme für den Rat gemeldet ist.
2. Der Rat soll alle benannten Delegierten umfassen.
3. Die ernannten Mitglieder des Rates sollen Teilnahme- und Diskussionsrecht bei den Ratssitzungen haben. Jede Institution soll aber nur eine Stimme bei Abstimmungen im Rat haben.
4. Das Büro soll sich zusammensetzen aus den Hauptdelegierten der Nationaldelegationen, aus den Mitgliedern des Organisationskomitees des Kongresses und den Präsidenten und Generalsekretären der vorhergehenden Kongresse. Sollte der Hauptdelegierte verhindert sein, kann er einen Vertreter benennen. Jedes Mitglied des Büros hat eine Stimme.
5. Alle Anträge und Vorschläge für einen Kongreß sollen zuerst im Büro beraten werden. Das Büro unterbreitet darauf dem Rat die Vorschläge zur Erörterung oder Alternativvorschläge mit seinen Empfehlungen zur Ratifizierung.
6. Der Rat kann ein nicht geklärtes Problem zur nochmaligen Beratung an das Büro zurückverweisen.
7. Resolutionen, die im Rat angenommen wurden, sind der Generalversammlung aller Kongreßteilnehmer zur Ratifizierung zu übermitteln.

Der Generalsekretär stellte fest, daß dieser Entwurf die Statutenfrage berühre und es deshalb aus zeitlichen Gründen erforderlich ist, die Empfehlungen an das Organisationskomitee des XXII. Internationalen Geologenkongresses 1964 zur weiteren Behandlung zu überweisen.

Es wurde vorgeschlagen, auf diesem Kongreß die bisherigen Abstimmungsregeln beizubehalten.

Bei der geheimen Abstimmung im Rat über den Tagungsort des nächsten Kongresses zum Beispiel machten alle offiziellen Delegierten von ihrem Stimmrecht Gebrauch.

C. Festlegung des Tagungsortes für den XXII. Internationalen Geologenkongreß 1964

Auf der Eröffnungssitzung in Kopenhagen wurde bekanntgegeben, daß Indien eine Einladung zur Durchführung des nächsten Internationalen Geologenkongresses im Jahre 1964 überreicht hat.

Ferner wurde bekanntgemacht, daß auch von Neuseeland eine Einladung für das Jahr 1964 ausgesprochen wurde.

Über beide Einladungen wurde in zwei Ratssitzungen und einer Bürositzung ausgiebig diskutiert.

Der Hauptdelegierte der Deutschen Demokratischen Republik, Prof. Dr. O. OELSNER, sprach sich neben anderen Ländervertretern, z. B. auch der sozialistischer Staaten, auf der 5. Ratssitzung im Namen der DDR-Delegierten für die Annahme der Einladung Indiens aus.

Der Vertreter Ceylons, Dr. L. J. D. FERNANDO, brachte u. a. zum Ausdruck, daß bisher 21 Kongresse in westlichen Ländern abgehalten wurden und daß es an der Zeit wäre, auch in solchen Ländern Kongresse zu veranstalten, die außerhalb der westlichen Welt liegen. Er wies darauf hin, daß zahlreiche Länder in Asien ihre Selbständigkeit erkämpft haben und daß es dort als erste Aufgabe angesehen wird, die Erhöhung des Lebensstandards der Bevölkerung schnell herbeizuführen. Es seien daher in diesen Ländern auch große Entwicklungsarbeiten zur Erschließung neuer Rohstoffreserven im Gange, die das größte Interesse der Geologen verdienen.

Die Vertreter Ceylons, Afghanistans und Pakistans erklärten sich bereit, die Durchführung des Kongresses in Indien durch Exkursionen in ihre Länder zu unterstützen.

Auf dieser 5. Ratssitzung wurde dann in geheimer Abstimmung mit überwiegender Mehrheit die Einladung Indiens von den Delegierten angenommen.

Der XXII. Internationale Geologenkongreß findet somit im August 1964 in Indien statt. Der Tagungsort wurde noch nicht benannt.

Auf der 1. Ratssitzung brachte auch der Leiter der Delegation der ČSSR, Dr. VL. ZOUBEK, eine Einladung seiner Regierung ein, den XXIII. Internationalen Geologenkongreß im Jahre 1968 in Prag durchzuführen.

Eine weitere Einladung für den XXIII. Internationalen Geologenkongreß wurde vom Vertreter Kanadas ausgesprochen.

Ferner erklärten die Republiken Chile und Argentinien, daß sie bereit sind, gemeinsam den XXIII. Internationalen Geologenkongreß in Südamerika zu organisieren. — Eine Beratung und Abstimmung über diese Einladungen erfolgt erst im Jahre 1964 in Indien.

Fachveranstaltungen

Vorträge

Das umfangreiche fachliche Programm, das vom 16. bis 20. August und 22. bis 25. August 1960 in den Räumen der Technischen Universität, der Chemischen Institute und des Geologisch-Mineralogischen Museums in Kopenhagen ablief, kann in diesem Beitrag nicht behandelt werden. Es ist daher vorgesehen, daß u. a. über die einzelnen Sektionsvorträge und Exkursionen, über die Arbeit in den Kommissionen und Subkommissionen sowie die Ergebnisse der Symposien in den folgenden Heften dieser Zeitschrift berichtet werden soll. In den 21 Sektionen und auf mehreren wissenschaftlichen Symposien wurden insgesamt ca. 510 Vorträge gehalten, die den Kongreßteilnehmern bereits zu Beginn der Internationalen Tagung dank der vorbildlichen Arbeit des Organisationskomitees der fünf nordischen Länder gedruckt überreicht werden konnten.

Die Vorträge verteilten sich auf folgende Sektionen:

1. Geochemische Zyklen
2. Geologische Ergebnisse der angewandten Geochemie und Geophysik
3. Präquartäre absolute Altersbestimmung
4. Chronologie und Klimatologie des Quartärs
5. Die Kreide-Tertiär-Grenze
6. Präquartäre Mikropaläontologie
7. Ordovic- und Silurstratigraphie und ihre Beziehungen
8. Stratigraphie des Spätpräkambriums und des Kambriums
9. Stratigraphie des Präkambriums und ihre Beziehungen
10. Submarine Geologie
11. Regional- und Strukturprobleme der Erdölgeologie
12. Regionale Paläogeographie
13. Petrographische Provinzen, Tiefen- und metamorphe Gesteine
14. Das Granit-Gneis-Problem
15. Genetische Probleme der Uran- und Thoriumlagerstätten
16. Genetische Probleme der Erze
17. Mineralien und Genese von Pegmatiten
18. Struktur der Erdkruste und die Gesteinsdeformation
19. Die Kaledonische Orogenese
20. Angewandte Geologie
21. Andere Probleme (Planeten, Glazialgeologie, Geomorphologie)

Symposien fanden statt u. a. über sedimentologische Probleme (durchgeführt durch die „International Association of Sedimentology“), über geochemische Fragen (durchgeführt durch die „International Geochemical Society" und „Geochemical Commission of JUPAC") und mineralogische Fragen der Mineralsynthese und der Feldspäte (durchgeführt von der „International Mineralogical Association" — IMA).

Neben den Vortragsveranstaltungen tagten acht verschiedene Kommissionen, die bereits auf dem XX. Internationalen Geologenkongreß 1956 in Mexiko bestanden, so u. a.

Kommission zum Studium der Erdkruste
Kommission für die Geologische Weltkarte
Kommission für die Geologische Karte von Europa
Kommission für Meteoriten
Kommission für Stratigraphie

Die einzelnen Kommissionen hatten noch mehrere Subkommissionen gebildet, so z. B. die Kommission für die Geologische Weltkarte, eine Subkommission für die Tektonische Weltkarte und eine Subkommission für die Metallogenetische Weltkarte. Innerhalb der Kommission für Stratigraphie arbeiteten Subkommissionen für das Stratigraphische Lexikon, für Stratigraphische Terminologie, für die Stratigraphie des Karbons u. a.

An mehreren dieser Kommissionssitzungen nahmen DDR-Wissenschaftler teil, die darüber noch ausführlich berichten werden. In verschiedenen dieser Kommissionen und Subkommissionen arbeiten ständig bekannte Geologen aus unserer Republik mit.

Außerdem tagten während des Kongresses gleichzeitig acht wissenschaftliche Vereinigungen, so u. a.

International Association of Hydrogeologists (IAH)
International Association of Sedimentology (IAS)
International Mineralogical Association (IMA)
International Paleontological Union (IPU)
The Geochemical Society and the Geochemical Commission of JUPAC

Exkursionen

Während dieser Veranstaltungen fanden wissenschaftliche Exkursionen in Dänemark statt. Vor und nach dem XXI. Internationalen Geologenkongreß in Kopenhagen wurden in Finnland, Schweden, Norwegen (einschließlich Spitzbergen) und Island größere Exkursionen von bekannten Wissenschaftlern mit Erfolg durchgeführt.

Zweck dieser von den Gastgebern vorbildlich organisierten Exkursionsveranstaltungen war das Studium der geologischen und lagerstättenkundlichen Verhältnisse in diesen vielseitig interessanten Ländern. Anläßlich der Exkursionen wurden u. a. auch Bergbau-, Aufbereitungs- und Verarbeitungsbetriebe besucht. So hatten die Teilnehmer bei der Befahrung von Bergwerksanlagen Gelegenheit, neben dem eingehenden Studium der lagerstättengeologischen Verhältnisse auch bergbauliche und aufbereitungstechnische Probleme der gastgebenden Exkursionsländer kennenzulernen. — Die Exkursionsteilnehmer konnten aus der Literatur bekannte geologische Aufschlüsse klassischer Art und sehr viele neue Aufschlüsse kennenlernen.

Ausstellung

Während des Kongresses fand im Pavillon „Frye Udstilling" in Kopenhagen eine Ausstellung statt. Etwa 50 Länder zeigten geologische Kartenwerke neusten Standes. Die größten Ausstellungsflächen nahmen die Sowjetunion, die USA, Frankreich und die nordischen Länder ein. Die Sowjetunion führte unabhängig von der internationalen Buchmesse der Kopenhagener Firma C. A. REITZEL eine eigene Buchausstellung durch, die starke Beachtung fand. Die Deutsche Demokratische Republik zeigte neben einer Buch- und Zeitschriftenauswahl geologische Literatur der Verlage Technik, Akademie-Verlag und Deutscher Verlag der Wissenschaften, Maschinen und Instrumente des VEB Rathenower Optische Werke (u. a. die vielbeachtete Trennschneidemaschine FR—X und das Punktzählgerät „Eltinor" in Verbindung mit dem Kursmikroskop „Poladun IV"). Außerdem war der VEB Geophysik, Leipzig, mit Bildtafeln und Kartenwerken vertreten, die einen guten Überblick über die in der DDR durchgeführten geophysikalischen Messungen und deren Ergebnisse erbrachten.

Statistischer Überblick

1. Teilnehmer (etwa 2600)

Die Teilnehmer kamen aus 93 Ländern der Erde; 67 Länder hatten offizielle Delegierte entsandt. Jedes dieser Länder war durch einen Hauptdelegierten vertreten, der gleichzeitig Mitglied des Büros des Kongresses war. Unter anderem hatten die einzelnen Länder entsandt:

VR Bulgarien	2	VR Rumänien	8
ČSSR	43	Schweden	79
Dänemark	74	VR Ungarn	6
DDR	80	UdSSR	80
Frankreich	210	USA	750
Kanada	106	Vereinigtes Königreich von Großbritannien	190
VR Polen	11	Westdeutschland	142

Zusammen mit den Angehörigen der Wissenschaftler weilten etwa 3000 Personen aus Anlaß des XXI. Internationalen Geologenkongresses in Kopenhagen.

2. Vorträge

Von den insgesamt 510 auf dem Kongreß gehaltenen Vorträgen entfielen u. a. auf

USA	159 = 32 %	der Gesamtzahl
UdSSR	44 = 8,6%	„ „
Frankreich	42 = 8,2%	„ „
England	27 = 5,3%	„ „
Kanada	20 = 4 %	„ „
Schweden, Westdeutschland je	17 = 3,3%	„ „
DDR, VR Polen je	13 = 2,6%	„ „
ČSSR	7 = 1,4%	„ „

Von diesen Vorträgen wurden

78,4% in englischer Sprache,
12 % „ französischer Sprache,
7 % „ deutscher Sprache,
2 % „ spanischer Sprache,
0,3% „ russischer Sprache,
0,3% „ italienischer Sprache gehalten.

3. Exkursionen

Von den 80 Delegierten der DDR nahmen 16 an je einer Vor- und Nachexkursion teil, 58 Delegierte nur an einer Exkursion vor oder nach dem Kongreß.

Die Delegierten aus der DDR nahmen teil an Exkursionen in

Schweden	mit	41	Wissenschaftlern
Dänemark	„	30	„
Norwegen	„	23	„
Finnland	„	10	„
Island	„	3	„

Schlußbetrachtung

Der XXI. Internationale Geologenkongreß 1960 in Kopenhagen war für die starke Delegation der DDR ein großes Erlebnis, er brachte wertvolle Erkenntnisse auf allen Wissensgebieten der Geologie, Mineralogie und

Geophysik. Insbesondere auf den Exkursionen konnten durch Befahrung der zum Teil sehr modernen Bergwerksanlagen z. B. in Schweden wichtige Hinweise für die Volkswirtschaft der DDR gesammelt werden. Das Ansehen und die Autorität der DDR sind auch durch die aktive Beteiligung unserer Delegierten am Kongreßgeschehen gewachsen. Viele persönliche Gespräche mit den Wissenschaftlern der Welt bestätigten, daß dieser Kongreß wesentlich dazu beigetragen hat, freundschaftliche Beziehungen zu den Geologen aller Länder herzustellen; die Geologen der DDR hatten, vor allem auf den Exkursionen, mit allen Fachkollegen einen sehr herzlichen Kontakt.

Die Verfasser des Beitrages möchten an dieser Stelle noch einmal den Organisatoren des XXI. Internationalen Geologenkongresses hinsichtlich der Vorbereitung in der DDR, insbesondere aber den vielen Helfern in den nordischen Ländern, dem Kongreßbüro, den Exkursionsführern und allen, die mitgeholfen haben, den Kongreß erfolgreich zu gestalten, den Dank für ihre große Mühe aussprechen. Ihnen allen gilt hohe Anerkennung!

Besonders sei auch der Regierung der Deutschen Demokratischen Republik für die großzügige Unterstützung unserer Delegation gedankt. Wir sehen darin einen anschaulichen Beweis der Förderung der wissenschaftlichen und technischen Intelligenz unserer Republik und des festen Bündnisses der Arbeiter- und der Bauernklasse mit der werktätigen Intelligenz in unserem ersten deutschen Friedensstaat.

Über das Vorkommen eines neuen Minerals der Beudantitreihe im Kaolin von Kemmlitz

(Vorläufige Mitteilung)

Wolfgang Liebscher, Dresden

Bei Untersuchungen Kemmlitzer Kaoline auf Schwermineralführung wurde im Institut für angewandte Mineralogie, Dresden, ein bisher noch nicht beobachtetes Mineral gefunden, das auf Grund seines äußeren Habitus und des optischen Befundes zuerst als Vesuvian gedeutet wurde. Eingehendere optische, röntgenographische und chemische Untersuchungen aber ergaben, daß es sich nicht um Vesuvian handelt. Das neue Mineral läßt sich vielmehr in die Alunit-Beudantit-Hamlinit-Gruppe einreihen. Vermutlich gehört es zur Beudantit-Reihe, die die Minerale Woodhouseit, Svanbergit, Hartrit, Hinsdalit, Corkit, Beudantit umfaßt.

Das Mineral kristallisiert in kleinen würfelähnlichen Rhomboedern. Es ist farblos bis blaßgelb oder auch weiß. Die mittlere Lichtbrechung beträgt 1,69, optisch einachsig positiv. Die an einer sehr kleinen Probe ermittelte Dichte liegt bei ca. 3,6 bis 3,7 p/cm^3.

Durch die spektrochemische Analyse wurden als Hauptbestandteile Al, Ca, Sr, La, als Nebenbestandteile Mg und in Spuren Ba, Ce und Fe nachgewiesen.

Eine qualitative chemische Analyse ermittelte neben einem Phosphatgehalt auch einen Sulfatgehalt. Die röntgenographische Untersuchung ergab eine gute Übereinstimmung mit Svanbergit.

Es wurde festgestellt, daß sich das Mineral bei der Schwermineralaufbereitung durch Herdarbeit anreichern läßt. Auch wurde ein Flotationsmittel gefunden, mit dessen Hilfe das Mineral als Reichkonzentrat im Schaum gewonnen werden kann.

Beim Magnetscheiden geht das Mineral teils ins magnetische, teils ins unmagnetische Gut.

Auf flotativem Wege konnte eine größere Menge hochangereicherten Konzentrates hergestellt werden, so daß für weitere Untersuchungen ausreichendes Probenmaterial zur Verfügung steht.

Nach Abschluß der Untersuchungen wird an gleicher Stelle ausführlich darüber berichtet werden.

Lesesteine

Aus der südafrikanischen Diamantenhochburg

Im Oktober 1960 brachte die „Weltbühne" eine Reportage aus Südafrika über das Produktionszentrum des Diamantenkonzerns.

Den Anlaß zu der Gewinnung der Edelsteine — den ersten Diamanten hatten 1866 spielende Kinder gefunden — gab ein Kauf, bei dem ein weißer Farmer von einem eingeborenen Medizinmann gegen 500 Schafe einen $2^1/_2$karätigen Diamanten erwarb. Er selbst erhielt in Grahamstown 11200 £ für den Stein, der dann nach London für 25000 £ weiterverkauft wurde.

Seit 1868 sind am Vaal-Fluß die ersten Diamantensucher an der Arbeit. Im Mai 1871, also z. Z. der Pariser Kommune, wurde zum erstenmal der „Blaugrund" genannte Kimberlit angeschlagen. Der Untergrund der Farm eines Mijnheer De Beer erwies sich als besonders höffig. Schon im Herbst 1871 kampierten in den Zeltstädten rings um die „De Beer's Mine" über 50000 Menschen.

1872 kam, an schwerer Tuberkulose leidend, Cecil Rhodes nach Kimberley. Durch neue industrielle Gewinnungsmethoden und durch skrupelloses Geschäftsgebaren brachte er mit Hilfe des Bankhauses Rothschild die gesamten Schürfrechte, die auf dem Territorium von De Beer's Farm lagen, an sich. Als er 1902 gegen Ende des von ihm angezettelten Burenkrieges starb, hinterließ er ein Vermögen von über 45 Mill. £.

Die modernen Abbaustollen sind menschenleere, vom Rand des Vulkanschlotes in seine einstige Magma-Ausfüllung vorgetriebene betonierte Strecken. Durch in ihrer Firste angelegte mächtige Löcher dringt die feuchte Grubenluft nach oben, oxydiert das darüberliegende Gestein, zersetzt es und macht es brüchig. Das lose Haufwerk stürzt auf die Förderstrecke, ohne daß ein Mensch mit ihm in Berührung gekommen ist. Das Gebirge baut sich selber ab! Ferngesteuerte Schrapper schaffen täglich 17 Stunden lang das diamanthaltige Gestein zu den Brechern.

Das Allerheiligste der Diamantengrube ist die festungsartig mit Türmen bestückte Wäsche, in der 1300 t Gestein pro Stunde durchgesetzt werden. In dieser völlig automatisierten Aufbereitung ist nur ein einziger alter Mann beschäftigt. Nur er kommt mit den „Grease tables" in Berührührung, vor deren mit gelbem Fett bestrichenen Tafeln er mit einem Spachtel die körnige Masse der rohen Diamanten abstreicht.

An den Außenwänden der Wäsche hängen Schilder mit der Aufschrift: „Schwarzen ist das Reinigen der Fußböden strengstens verboten!" Die 3000 auf der Grube beschäftigten einheimischen Arbeiter dürfen nicht mit dem Kimberlit und vor allem nicht mit den Diamanten in Berührung kommen. Solange sie im Dienst des Konzerns stehen, sind sie hinter eisernen Gittern wie Galeerensträflinge an die Massenquartiere oder die Grube gefesselt. Nur Predigten von acht verschiedenen christlichen Sekten bringen in der Woche einmal eine Unterbrechung in ihr Dasein.

Vor der Entlassung nach Ablauf des neunmonatigen Kontraktes wird der schwarze Arbeiter röntgenologisch überprüft. Er hätte doch einen Diamanten seiner Heimaterde verschluckt haben können. Die weißen Beschäftigten werden einer solchen Prüfung nicht unterzogen, da man eine solche für ,,menschenunwürdig" hält. Sie sind es daher, denen es trotz aller Absperrungen ab und zu gelingt, einen afrikanischen Diamanten aus der Grube herauszuschmuggeln und sich persönlich durch Beiseiteschaffung von einigen Karat auf Kosten derer zu bereichern, die in Kimberley dem afrikanischen Boden und seinen Einwohnern kiloweise die Diamanten rauben. e.

Salzwasser anstatt Süßwasser

Am 28. November vorigen Jahres teilte die ,,Hannoversche Rundschau" aus Kairo unter der Überschrift ,,Bau des Assuan-Staudammes planmäßig" mit, daß der Minister für öffentliche Arbeiten der Vereinigten Arabischen Republik, Mussa Arafa, vor Pressevertretern erklärte, die Arbeiten am Staudamm verliefen völlig normal. Ausländische Berichte, die das Gegenteil behaupteten, wies der Minister als Fälschungen zurück. Er erklärte wörtlich: ,,Die 65 sowjetischen Techniker und Ingenieure arbeiten mit ihren arabischen Kollegen in vollkommener Harmonie zusammen."

Trotzdem bringt die Stuttgarter ,,Deutsche Zeitung und Wirtschaftzeitung" am 6. 12. 1960 folgende Schlagzeilen: ,,Schwierigkeiten beim Bau des Assuan-Staudammes! Russische und ägyptische Ingenieure streiten sich." Unter den Schlagzeilen aber steht unter anderem der Satz: ,,Minister Arafa bezeichnete das Verhältnis zu den Russen als das beste." Doch: ,,in Kairo wird jetzt von Schwierigkeiten beim Bau des Staudammes gemunkelt".

Und wo rührt das Gemunkel her? Hören wir: ,,Die Russen haben sich mit besonderer Energie gegen ägyptische Pläne ausgesprochen, das Kattara-Projekt mit deutscher Hilfe zu verwirklichen", und das, obwohl ,,deutsche Expertenkommissionen einen Plan ausgearbeitet haben, in El Alamein — Rommels berühmtem Schlachtfeld — die Küstenhügel zu durchbrechen und das Wasser des Mittelmeeres in die Kattara-Senke zu leiten. Dadurch könnten weite Gebiete der Wüste fruchtbar gemacht werden."

Bewässerung von Wüsten- und Steppengebieten setzt genügende Süßwassermengen voraus. Diese bietet das Assuan-Projekt den ägyptischen Bauern für 400000 ha wüsten Landes — das Kattara-Projekt offeriert ihnen dagegen Salzwasser, das ihre bereits versalzten Böden noch weiter versalzen würde. Wir hatten kürzlich berichtet, daß in Afghanistan ein amerikanisches Bewässerungsprojekt scheiterte, weil man die Bekämpfung der Bodenversalzung vernachlässigt hatte. Die westdeutschen ,,Experten" scheinen von dem Mißgeschick ihrer amerikanischen Vorgänger nichts gelernt zu haben; denn sie ,,halten das Kattara-Projekt für rentabler als den Assuan-Damm".

Wir überlassen es gern unseren Lesern, selbst zu entscheiden, was mehr zu verurteilen ist, die Unehrlichkeit einiger westdeutscher Korrespondenten oder die Leichtfertigkeit von Expertenkommissionen, die meinen, für die Entwicklungsländer sei jedes pseudowissenschaftliche Projekt gut genug, oder die imperialistischen Finanzleute, die diesen aufgefrischten Rommel-Rummel finanzieren, um ein unreelles ,,Geschäft" auf Kosten arabischer Bauern zu machen. e.

Besprechungen und Referate

Palm, Q. A.

Wet and Dry Regional Metamorphism

,,Geologie en Mijnbouw", Jg. 39 (1960), S. 244—252

Verf. gibt eine nicht in ihren Einzelheiten, aber in der Betrachtungsweise und Kombination bekannter Tatsachen umfassende neuartige Übersicht über die regionalmetamorphen Erscheinungen. Er stützt sich sowohl auf eigene Untersuchungen in den Cevennen (Französisches Zentralmassiv) als auch auf die modernen Arbeiten der letzten beiden Jahrzehnte auf diesem Gebiet (u. a. Barth, Dunn, Eskola, Jung & Roques, Korjinski, Parras, Ramberg, Rittmann, Scheumann, Tobi) und berücksichtigt auch die experimentelle Seite zu diesen Problemen (Frederickson & Cox, Kennedy, Tuttle, Winkler & Platen, Yoder).

Verf. unterteilt die regionalmetamorphen Gesteine in eine ,,Schiefer-Granulit-Serie" und eine ,,Schiefer-Granit-Serie". Diese Einteilung wird mit der unterschiedlichen Mobilität der sogenannten Quarz-Feldspat-Elemente unter dem Einfluß leichtflüchtiger Bestandteile, insbesondere des Wassers, begründet. Dieses bewirkt die Entstehung hydrothermaler bzw. pneumatolytischer Lösungen, die eine Migration und Neuverteilung der Quarz-Feldspat-Elemente während der

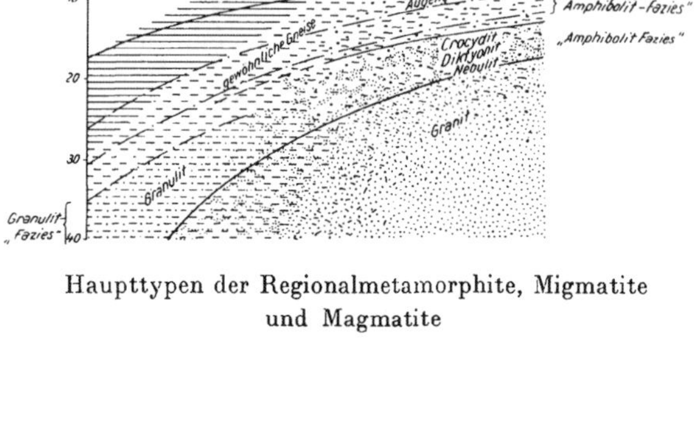

Haupttypen der Regionalmetamorphite, Migmatite und Magmatite

Metamorphose bedingen (feuchte Metamorphose: Schiefer-Granit-Serie). Bei Abwesenheit von Wasser führt die Metamorphose zur Schiefer-Granulit-Serie (trockne Metamorphose), wobei erst in den hochmetamorphen Gliedern offensichtliche Unterschiede zur feuchten Metamorphose auftreten, Anzeichen derselben aber auch bereits in den tiefer metamorphen Gliedern vorhanden sein sollen.

Dieses Prinzip wird durch Beobachtungen belegt, so unter anderem über die verschiedenen Mobilisationsstufen (SiO_2, $NaAlSi_3O_8$, $KAlSi_3O_8$) in den einzelnen Mineralfazieszonen. Die Probleme der Migmatisierung und Granitisierung werden unter diesem Blickwinkel erläutert und eingeordnet.

Schließlich ergibt sich ein Bild (s. Abb.), das die Haupttypen der Regionalmetamorphite, Migmatite und Magmatite (Paramagmatite) in Abhängigkeit von der Tiefe der Versenkung im Geosynklinalbereich und vom Geothermalgradienten zeigt. Gottesmann

Grumbt, E.

Der Nordostrand des Thüringer Waldes zwischen Ruhlaer Kristallin und Schwarzburger Sattel

Abh. dtsch. Akad. Wiss. Berlin, Kl. Chem., Geol. Biol., Jg. 1959, Nr. 3, Berlin 1960. — 78 S., 43 Abb., 16 Taf.

Nach den tektonischen Bearbeitungen der Störungszonen innerhalb des Thüringer Beckens von Bisewski (1949) bis Teschke (1955) bringt die vorliegende Arbeit das Ergebnis der genauen geologisch-tektonischen Bestandsaufnahme und Deutung des SW-Randes dieser tektonischen Großeinheit. Seine tektonische Gestaltung wird wie die der angeführten tektonischen Strukturen sowohl durch Zerrungs- als auch durch Pressungserscheinungen gekennzeichnet, die alle durch die Aufwärtsbewegung der Scholle des Thüringer Waldes verursacht werden.

Auf Grund der unterschiedlichen Intensität der tektonischen Bewegungen an den Randstörungen wird der NE-Rand von NW nach SE in fünf Abschnitte eingeteilt:

Schwarzhausen—Friedrichroda:	Randflexuren und Abschiebungen
Friedrichroda—Georgenthal:	Randaufschiebung
Georgenthal—Gräfenroda:	Überschiebungszone
Gräfenroda—Ilmenau:	Randaufschiebung
Ilmenau—Gehren:	Randflexuren und Abschiebungen

Die präsaxonischen Bewegungen werden kurz, die Vergenzen, Verwerfungsbeträge und das Alter des Deformationsablaufs der saxonischen Bewegungen werden ausführlich diskutiert.

In den beiden letzten Kapiteln werden die regionale Stellung des NE-Randes des Thüringer Waldes sowie die Bedeutung der extremen tektonischen Vorgänge für die Luisenthaler Manganerzlagerstätte behandelt.

Die auf 16 Tafeln enthaltenen tektonischen Karten und Profile veranschaulichen in übersichtlicher Form den Bau und die Bewegungsformen der verschiedenen Zonen des NE-Randes des Thüringer Waldes. J. WASTERNACK

FRIEDL, K.

The Oilfields of the Vienna Basin

V. Welterdölkongreß, New York 1959, Section I — Paper 48

Das Wiener Becken bildete sich hauptsächlich im Mittelmiozän, Brüche waren bestimmend für seine Form. Im Untergrund setzen sich die Zonen der Alpen fort: Flyschzone, Kalkalpenzone und zentrale kristalline Zone. Über dem stark gefalteten Untergrund liegt eine mächtige Serie von Helvet, Torton, Sarmat und Pannon. Alle diese Serien, einschließlich Flysch, sind ölführend. Es ist jedoch geochemisch und geologisch sehr wahrscheinlich, daß das Flyschöl durch den Kontakt an Brüchen aus stratigraphisch höheren Horizonten eingewandert ist. Das Öl ist in den einzelnen Stufen des Tertiärs entstanden und zeigt entsprechend verschiedenen Chemismus. Ölfallen sind Antiklinalen, Bruch- und Schleppstrukturen, auch begrabene Flyschhügel. Die einzelnen Felder, ihre Stratigraphie, Tektonik und Förderung werden beschrieben. Alle Speichergesteine sind sehr absätzig, so daß auch fazielle Fallen vorkommen. Es gibt keinen Horizont, der durch das ganze Wiener Becken zu verfolgen ist. Wichtig für die Ölsammlung ist, daß die Lagerstätten in alten, synsedimentären Strukturen liegen, die bereits vor der Bildung des Öls bestanden und nur durch spätere Brüche modifiziert wurden. Der Autor betrachtet dies als ein Grundgesetz, das auch für andere Becken von der Art des Wiener Beckens gelten soll. MEINHOLD

ENGELHARDT, W. v.

Der Porenraum der Sedimente

Mineralogie und Petrographie in Einzeldarstellungen, Bd. 2, Springer-Verlag, Berlin—Göttingen—Heidelberg 1960. — 207 S., 83 Abb.; 48,— DM

Im ersten Teil A wird die Porosität der sandigen, tonigen und karbonatischen Sedimente gesondert behandelt. Der Teil B befaßt sich mit den Fließvorgängen im Porenraum, der Teil C mit der Diffusion im Porenraum, wobei der Abschnitt über Diffusion und Adsorption der Gase und Flüssigkeiten besondere Beachtung verdient. Im letzten Abschnitt D werden die Salzlösungen, Erdöl und Erdgas innerhalb des Porenraumes besprochen.

Der Autor betont, daß der Volumenanteil des Porenraumes, seine Geometrie im einzelnen und die Zusammensetzung der Flüssigkeiten und Gase in ihm für die meisten Fragen der Sedimentpetrographie von großer Bedeutung sind. Man wird ihm weiter voll zustimmen können, wenn er betont: „Alle Prozesse im Sediment aber, insbesondere die nach der Ablagerung einsetzenden Umbildungen zum festen Gestein (Diagenese), können nur verstanden werden, wenn man außer dem festen Rahmen auch die beweglichen Phasen des Porenraumes betrachtet." — „Im Verlaufe dieser Vorgänge, die sich im obersten Teil der Erdrinde abspielen (man kennt heute Beispiele poröser Sedimente aus Tiefen bis gegen 7000 m), müssen große Mengen des Poreninhalts vornehmlich von Flüssigkeiten bewegt werden. Ihre ursprüngliche Zusammensetzung und die Veränderung ihres Chemismus während dieser Wanderungen werden die diagenetischen Um- und Neubildungen der Mineralsubstanz der Sedimente beeinflussen."

Die Kenntnis des Buches, in dem alle wichtigen Probleme und Erscheinungen der Porenräume zusammengefaßt und weitgehend die Belange der angewandten Geologie und der Erdölgewinnungstechnik berücksichtigt werden, ist für den Geologen, ganz besonders aber für unsere Sedimentpetrographen und Erdölgeologen, unentbehrlich. E.

BRAITSCH, O.

Mineralparagenesis und Petrologie der Staßfurtsalze in Reyershausen

„Kali und Steinsalz", Bd. 3 (1960), H. 1

Mit seinen Untersuchungen im Kalisalzflöz Staßfurt und im Staßfurt-Steinsalz auf der Grube Königshall—Hindenburg in Reyershausen bei Göttingen will der Autor beitragen, die Einzelheiten der Metamorphosevorgänge im Staßfurtflöz zu deuten. Er untersuchte daher Handstücke und Hackproben des in acht Teilabschnitte gegliederten Kalisalzlagers. Besonderes Augenmerk widmete BRAITSCH der Untersuchung der wasserunlöslichen Rückstände der Salzgesteine. Die Hauptkomponenten wurden chemisch, Br, Fe und Sr röntgenspektrometrisch bestimmt; der Rückstand durch Schütteln mit 10%iger NaCl-Lösung gewonnen und in die Fraktionen $> 60\ \mu$ und $< 60\ \mu$ getrennt. Die grobe Fraktion untersuchte BRAITSCH mikroskopisch in Streupräparaten, die Fraktion $< 60\ \mu$ röntgenographisch durch Zählrohraufnahmen bzw. Texturaufnahmen (JASMUND-Verfahren).

BRAITSCH unterscheidet auf Königshall—Hindenburg drei Typen von Salzgesteinen:

1. anhydritführende Halit-Carnallite
2. Anhydrit-Sylvin-Halite = Hartsalz
3. Anhydrit-Halite = Vertaubung

Die Gesteine gehören der Südharzfazies an, unterscheiden sich von dieser allerdings durch fast völliges Fehlen von Kieserit.

Nunmehr beschreibt Verf. die Hauptkomponenten: Steinsalz, das in allen Horizonten auftritt, Sylvin in milchigweißer und siegellackroter Ausbildung, Carnallit in meist groben Kristallen und Anhydrit.

Kieserit fand sich nur in einer Ascharitknolle und in geschichtetem Carnallit, in dem er makroskopisch nicht sichtbar war und erst durch chemische Behandlung erkannt werden konnte.

An wasserunlöslichen Mineralien identifizierte Verf.: Anhydrit, Coelestin, Magnesit, Dolomit, Brucit (jedoch fraglich), Hämatit, Magnetit, Pyrit, Flußspat, Quarz, Kalifeldspat, Tonminerale, Rutil, Zirkon, Turmalin.

Außerdem konnte er eine ganze Reihe von Boraten und Phosphaten feststellen, z. B.:
Apatit, Ascharit, Danburit, Boracit, Strontiohilgardit, p-Veatchit, Strontioginorit, Wagnerit, Isokit und Lüneburgit.

Alle gefundenen Rückstandsmineralien werden eingehend charakterisiert. Eine übersichtliche Tabelle der diagnostisch wichtigen Daten ist in den Text eingefügt.

An Hand der quantitativen Untersuchungsergebnisse diskutiert BRAITSCH den Ablauf der Metamorphoseprozesse. Die Faziesdifferenzierung wird als sekundär prätektonisch angenommen, wobei Verf. sich teils auf eigene Beobachtungen, teils auch auf ältere Untersuchungsergebnisse stützt. Wichtig ist dabei seine Feststellung, daß die Metamorphoselaugen nicht unbedingt dem Basalanhydrit entstammen müssen. Die Rückstandsmineralien wurden, außer Muskovit und den Schwermineralien, erst im Kalisalzlager gebildet, der Stoffbestand (Ca, Si, Al, Fe) jedoch vom Festland zugeführt. Bor entstammt dem Meerwasser. Die Rückstandsmineralien absorbieren auch wesentliche Mengen von Spurenelementen.

Die vom Verf. geleistete intensive Arbeit lieferte umfangreiches Material. Allerdings scheint es fraglich, ob dieses Material für derartig weitgehende Deutungen, z. B. Ablauf der Metamorphoseprozesse bzw. Entstehung des Fazieswechsels, ausreicht. E. HERFORTH

RODE, K.

Die Dolomite am Nordwest-Abfall des Hohen Venns im Raume Aachen—Stolberg

Forschungsberichte des Landes Nordrhein-Westfalen, Nr. 851, Westdeutscher Verlag Köln und Opladen 1960. — 52 S., 15 Abb.; 18,40 DM

Über die wirtschaftlich beachtlichen Dolomitvorkommen in dem verkehrsgünstig gelegenen Gebiet Stolberg—Aachen vermittelt der vorliegende Forschungsbericht einen umfassenden Überblick.

Eine geologische Karte zeigt die flächenmäßige Verbreitung des Dolomits sowie des für den Abbau wichtigen Nebengesteins. Auf der Karte und den Profilen werden „Dolomite im allgemeinen" und „sicher epigenetische Dolomite" unterschieden.

Als grundsätzliches Merkmal für primäre Dolomite gilt ihre Horizontbeständigkeit. Doch können sekundäre Dolomite gelegentlich auch horizontbeständig sein. Fossilrelikte sollen nach dem Autor in einem primärsedimentären Dolomit nicht vorkommen. Für die nicht horizontbeständigen Dolomite ist nur eine sekundäre Entstehung anzunehmen. Das Auftreten von Dolomitporphyroblasten in mikroskristallinen Kalken ist sicher nur für sekundäre Dolomite nachgewiesen worden. Ihre Dolomitisierung erfolgte nach Aufstieg Mg-haltigen Wassers aus der Tiefe. Die Dolomitisierung war mit einer Pb/Zn-Vererzung verbunden. Das Alter der Dolomitisierung und Vererzung ist postkarbon bis präsenon. E.

LOTZE, F. & U. ROSENFELD

Beiträge zur Frage der Stockwerktektonik im Ruhrkohlengebiet I

Forschungsberichte des Landes Nordrhein-Westfalen, Nr. 754, Westdeutscher Verlag Köln und Opladen 1960. — 49,— DM

LOTZE, F.: Allgemeines über Stockwerktektonik

Das Ruhrgebiet bietet zur Lösung des Problems der Stockwerktektonik besonders günstige Voraussetzungen. Der Autor hat daher seine interessanten und zusammenfassenden Darstellungen über die allgemeine Stockwerktektonik vorwiegend den Verhältnissen im Ruhr-Karbon angepaßt. In Norddeutschland lassen sich folgende Großstockwerke unterscheiden: die Quartär- und Tertiärhülle, das mesozoisch-jungpaläozoische Deckgebirge und das paläozoische (und präpaläozoische) Grundgebirge.

Die Definition des Autors für die Stockwerktektonik lautet: „Stockwerktektonik ist die verschiedene tektonische Reaktionsform mechanisch verschiedenartiger, übereinander liegender Gesteinskomplexe bzw. Erdrindenniveaus bei gleichzeitiger tektonischer Beanspruchung." Je nach den Dimensionen der Stockwerke schlägt er ihre Unterteilung in Großstockwerke, Hauptstockwerke, Kleinstockwerke usw. vor. Es besteht die gleiche Vielfältigkeit des Maßstabs wie im Bereich der Tektonik überhaupt (Groß-, Spezial-, Klein- und Mikrotektonik). Zwischen den einzelnen Stockwerken können sowohl klare Grenzflächen wie auch allmähliche Übergänge bestehen.

In der Gesamterscheinung der endogenen Stockwerkdynamik kommen die von Endtiefe, Temperatur, Druck, Durchbewegung usw. abhängigen tiefenmagmatischen Vorgänge zum Ausdruck. Die Unterschiede der Materialeigenschaften treten bei der Deformation dann besonders hervor, wenn die Druck/Temperatur-Verhältnisse einige Gesteinskomponenten bereits plastisch reagieren lassen, während sich andere noch spröde verhalten. Die festeren Horizonte neigen dann zu einer Bruchtektonik, während die plastischen bei Pressung gefaltet werden. Besonders faltungsfreudig sind regelmäßige Wechsellagerungen dünner fester Bänke (Kalk, Sandstein Quarzit, Lydit) und dünnere Tonschieferlagen mit möglichst geringer Verzahnung und möglichst scharfen Grenzflächen. Massige Gesteine sind also in dem gleichen Tiefenniveau nicht faltungsfreudig, ganz gleich, ob sie besonders fest oder hart sind (Plutonitkörper, Massenkalke) oder ob sie sich weich verhalten (schichtungslose und nicht primär geschichtete Schiefertone); erstere neigen zur Zerblockung, letztere zur Verschieferung.

In noch größerer Endtiefe machen erhöhte Umschließungsdrücke und Temperaturen das Material durchweg weicher, plastischer und fließfähiger, wodurch es wieder zu einer größeren Uniformierung bei tektonischer Beanspruchung kommt.

Im Ruhrgebiet spricht für die Existenz einer Stockwerktektonik das Bild der geologischen Spezialkarten in abtauchenden Sattelzonen mit erheblichen Bauunterschieden in Abhängigkeit von der Abbautiefe.

ROSENFELD, U.: Zur Stockwerktektonik des Gebietes zwischen Witten und Wetter a. d. Ruhr

Der Autor beschreibt die stratigraphischen und speziellen tektonischen Verhältnisse und kommt dann im Abschnitt D auf die tektonischen Formen, Falten und Rupturen zu sprechen. Zum Schluß wird das tektonische Bild des Untersuchungsgebiets beschrieben. Hierzu hatte der Autor die vorhandenen Aufschlüsse feintektonisch aufgenommen und die tektonischen Vorgänge soweit wie möglich analysiert. Innerhalb des Untersuchungsgebietes wurde eine Stockwerkgliederung nur im kleintektonischen bzw. feinstratigraphischen Bereich festgestellt. Besonders hingewiesen sei auf die 17 der Arbeit beigegebenen, gut dargestellten Profile und die geologische Karte 1 : 25000 des Gebietes zwischen Witten und Wetter. E.

SONNTAG, G.

Spannungsoptische und theoretische Untersuchungen der Beanspruchung geschichteter Gebirgskörper in der Umgebung einer Strecke

Forschungsberichte des Landes Nordrhein-Westfalen, Nr. 861, Westdeutscher Verlag Köln und Opladen 1960. — 89 S., 38 Abb.; 25,10 DM

Die im Jahre 1955 gegründete Forschungsgemeinschaft für Streb- und Streckenausbau im Steinkohlenbergbau des Landes Nordrhein-Westfalen hat sich der Erarbeitung von Grundlagen im Streb- und Streckenausbau im Interesse der Erhöhung der Grubensicherheit gewidmet (Verhütung von Streb- und Streckenbrüchen).

Die vorliegenden Untersuchungen wurden zunächst nur auf die unmittelbare Umgebung der Strecken ausgedehnt, wobei ein Großteil Material sowjetischer Autoren (z. B. S. G. LECHNITZKI: „Anisotrope Platten") und Arbeiten des Verf. über den Einfluß einer Schichtung des Gebirgsaufbaus wertvolle Hinweise gaben.

Verf. geht von der Voraussetzung aus, daß sich konkrete Meßergebnisse über die Beanspruchung des Gebirges unter Tage in der Umgebung von Strecken nur an wenigen Punkten ermitteln lassen. Diese Meßergebnisse richtig zu deuten und auszuwerten ist schwierig, da die Gesteinseigenschaften, Betriebsverhältnisse, Meßbedingungen usw. stets unterschiedlich sind.

Aus diesem Grunde wurden von ihm Modellversuche zur Durchführung gebracht, bei denen er die Materialeigenschaften und stets den vollständigen Mechanismus im Blickfeld hatte. Solange jedoch Modellversuche und theoretische Überlegungen nicht durch Untertageergebnisse bestätigt werden, müssen die aus den Versuchen gefolgerten Schlüsse als hypothetisch angesehen werden.

Die Modellversuche enthalten Untersuchungen über quadratische und kreisförmige Streckenquerschnitte, wobei unter der Voraussetzung eines isotropen Gebirges der Einfluß von horizontaler und unter 45° einfallender Schichtung verschiedener Mächtigkeiten auf die auftretenden Spannungen und Verformungen erforscht wurde.

Mit Hilfe der Spannungsoptik war es möglich, an Modellen aus Kunstharz die Spannungen sichtbar zu machen, wobei das Modell eine aus dem Gebirge herausgeschnittene vertikale Scheibe darstellt.

TREPPSCHUH

BATEL, W.

Einführung in die Korngrößenmeßtechnik

Korngrößenanalyse, Kennzeichnung von Körnungen, Oberflächenbestimmung, Probenahme. (Verfahrenstechnik in Einzeldarstellungen, Bd. 8)
Springer-Verlag, Berlin—Göttingen—Heidelberg 1960. — 156 S., 109 Abb.; 27,— DM

Korngrößenuntersuchungen sind oft grundlegend für die Beurteilung von Rohstoffen und technologischen Verfahren. Das Buch soll eine Anleitung für die Durchführung und Auswertung von Messungen sein. Besonderer Wert wird auf die Diskussion der Meßgenauigkeit gelegt. Für die Ableitung vieler Gesetzmäßigkeiten wird auf die Literaturverzeichnisse hinter jedem der vier Hauptabschnitte hingewiesen.

Besonders aufschlußreich sind für den Geologen die Ausführungen auf S. 45ff. über die Probenteilung. Sie zeigen z. B., daß sogar bei einem sehr gleichkörnigen Material — einem Quarzsand 0,5—1,2 mm — die Abweichungen der mittleren Korngröße vom Sollwert zwischen 3,13% und 0,7% liegen, wenn man gewisse Veränderungen bei der Viertelung der Proben vornimmt. Dies gilt für Versuche im Laboratorium! Man vergleiche damit die Verhältnisse im Gelände bei der Entnahme von Kiesproben aus Bohrungen und gewinnt eine Vorstellung, wie groß die Abweichungen sein können, wenn man nicht sorgfältig arbeitet.

Bemerkenswert ist ferner ein Vergleich der Ergebnisse verschiedener Meßmethoden. Es zeigt sich, daß die Körnungskennlinien nur im Grenzfall kugelförmiger Teilchen übereinstimmen. Aus länglichen Körnern bestehende Haufwerke erscheinen auf Grund von Prüfsiebungen gröber als bei Anwendung der Sedimentation. Auf Plansieben erhält man andere Ergebnisse als auf Wurfsieben. Die bei den einzelnen Verfahren auftretenden Unterschiede werden als „teilweise beunruhigend" bezeichnet. Dies soll jedoch „den Mut zu Normierungsbestrebungen nicht einschränken". HASS

MÜCKENHAUSEN, E. & H. MERTENS

Die Bodenkarte auf der Grundlage der Bodenschätzung

Düsseldorf 1960

Einleitend wird in dieser Erläuterungsschrift (27 S.) zu der vom Landesvermessungsamt Nordrhein-Westfalen herausgegebenen „Bodenkarte 1 : 5000 auf der Grundlage der Bodenschätzung" betont, daß Zweckmäßigkeit und Notwendigkeit einer Bodenkartierung unbestritten sind; denn sie dient wissenschaftlichen und praktischen Zwecken, ist eine unentbehrliche Grundlage zur Erzielung eines möglichst großen wirtschaftlichen Erfolges der landwirtschaftlichen, garten- und waldbaulichen Bodennutzung, ist aber ebenso notwendig für Planungen, Meliorationen und Wasserwirtschaft wie auch für den Verkehr und den Städtebau.

Bisher sind in relativ kurzer Zeit ca. 1400 Blätter der Bodenkarte 1 : 5000 erschienen, womit Bedarf und Erfolg dieses Kartenwerkes bereits nachgewiesen sind.

Die Karte enthält neben dem topographischen Grundriß als hauptsächlichste Elemente die umfassenden und sehr sorgfältigen Feststellungen der Bodenschätzung über die wichtigsten Eigenschaften der Böden, „erläutert in Durchschnittsprofilen die Bodenbeschaffenheit bis zu 2 m Tiefe und vermittelt einen kurzen allgemeinen Überblick über die geologisch-bodenkundlichen Verhältnisse".

Zum besseren Verständnis der Karte sind für den Benutzer in der Erläuterungsschrift die Grundzüge der Bodenschätzung zusammenfassend skizziert.

Bei der Herstellung der Bodenkarte — eine Gemeinschaftsarbeit des Geologischen Landesamtes, der Katasterämter der Kreise und des Landesvermessungsamtes — wird der Inhalt der Schätzungsurkarten (1 : 1000 bzw. 1 : 2500) in die sogenannte Bodenpause (1 : 5000) übernommen, die dann als Deckpause Verwendung findet.

Im zweiten Arbeitsabschnitt fertigt das Geologische Landesamt hauptsächlich aus den Unterlagen der Bodenschätzung „Durchschnittsprofile" für Flächen mit gleichen oder sehr ähnlichen Eigenschaften und einen geologisch-bodenkundlichen Überblick an.

In den Durchschnittsprofilen werden sehr ähnliche Profile nach den Erkenntnissen der Bodentypenlehre zusammengefaßt, so daß die Flächen auch nach ihrer Zugehörigkeit zu bestimmten Bodentypen und nach ihrem Schichtenaufbau gekennzeichnet sind.

Die Profile — 26 können am Kartenrand untergebracht werden — gliedern sich in drei Teile:
a) Bodenart, Entstehung, örtliche Besonderheiten, Bodentyp,
b) Profilnummer und Klassenbezeichnung,
c) Profilaufbau im einzelnen.

Neben der stets gleichbleibenden Zeichenerklärung am rechten Kartenrand ist dort der geologisch-bodenkundliche Überblick aufgeführt, der eine kurze Beschreibung der landschaftlichen Gliederung, der Bodenverhältnisse und der Geologie des Blattes enthält. — Nur in Zweifelsfällen ist eine Überprüfung der Unterlagen im Gelände erforderlich.

Der dritte Arbeitsabschnitt umfaßt die druckfertige Ausarbeitung der Bodenpause durch die Katasterämter. Abschließend wird die Bodenpause vom Landesvermessungsamt auf die Grundkarte in grüner Farbe aufgedruckt, so daß die Grundkarte zweifarbig oder mit Höhenlinien dreifarbig erscheint. Eine der Erläuterungsschrift beigegebene Farbtafel ermöglicht aber jedem Kartenbenutzer, die farbige Ausgestaltung der Karte nach festgelegten Grundsätzen selbst vorzunehmen.

Schließlich sind in der Erläuterungsschrift die vorkommenden Bodentypen — nach Bodenbildungsräumen geordnet, in terrestrische, semiterrestrische, subhydrische und Moorböden — wiedergegeben und kurz charakterisiert. Abschließend werden tabellarisch die geologischen Formationen und die in Nordrhein-Westfalen zugeordneten geologischen Vorgänge und Gesteine aufgeführt.

Der Wert der Bodenkarte und der Erläuterungen liegt darin, daß hier die Ergebnisse der Bodenschätzung, die nach Umfang, Genauigkeit und Vielfalt von keiner anderen Bodenaufnahme erreicht werden und die auch in der DDR vorliegen, unter Berücksichtigung der Bodentypen in größerem Umfang ausgewertet, einem breiten Benutzerkreis zugänglich und damit für vielfache Verwendungszwecke brauchbar werden. WEISBROD

DEATON, W. M.

Helium, another Natural Gas

„The Mines Magazine", Nov. 1959, S. 47—49

Der Autor ist der Ansicht, daß das Helium kosmischen Ursprungs ist und der Erde bereits bei ihrer Entstehung mitgegeben wurde, nur zum kleinsten Teil entstammt es radioaktiven Zerfallsprozessen. Eine Klärung dieser Frage muß jedoch noch erfolgen. Die Vorräte an Heliumgas betragen für Texas, Oklahoma und Kansas etwa 120 Mrd. Kubikfuß. Das Verhältnis Vorräte zu Verbrauch beträgt noch 350, es gehen davon jährlich aber 4 Mrd. Kubikfuß durch die Verheizung des Erdgases verloren. Da dies Verschwendung eines wichtigen Bodenschatzes ist, sollte es gewonnen und in Untergrundspeichern gesammelt werden. Ein entsprechender Antrag wurde dem Kongreß der USA vorgelegt. MEINHOLD

RECHENBERG, H. P.

Molybdän

Die Metallischen Rohstoffe, 12. Bd., Ferdinand Enke Verlag, Stuttgart 1960. — 128 S., 11 Abb., 13 Tab.; 27,— DM

Der Band „Molybdän" ist eine Neubearbeitung des KRUSCHschen Buches aus dem Jahre 1938 und gliedert sich in zwei Teile, einen allgemeinen und einen regionalen Teil.

Im I. Teil werden nach einer kurzen Beschreibung der Eigenschaften des Molybdäns und seiner Verbindungen die Molybdänmineralien behandelt, von denen nur zwei eine wirtschaftliche Rolle spielen, und zwar Molybdänglanz und in geringem Maße Wulfenit. Es wird auf die Genese der wichtigsten Molybdänlagerstätten und die Geochemie des nach GOLDSCHMIDT siderophilen Elementes eingegangen. Für die Molybdänprospektion werden Ratschläge erteilt und eine Einschätzung der geochemischen Verfahren gegeben. Über die bergbauliche Gewinnung, die Probenahme, die Aufbereitung und die Verhüttung sowie die Verwendungsmöglichkeiten des Molybdäns wird berichtet. In den meisten Fällen ist der Gehalt an Molybdän in den Erzen und Gesteinen sehr gering, so daß eine chemische Untersuchung notwendig ist, es werden daher die gebräuchlichsten chemischen Methoden angeführt. Daran schließen sich ein geschichtlicher Abriß über das Molybdän, eine Bewertung der Marktlage und eine Betrachtung der Vorräte an.

Im II. Teil des Buches werden die Molybdänvorkommen der einzelnen Länder behandelt und die Lagerstätten kurz beschrieben.

Zusammenfassend kann gesagt werden, daß das Buch straff gegliedert ist und einen umfassenden Überblick über das wirtschaftlich so wichtige Metall Molybdän gibt. Jedes Kapitel enthält ferner umfangreiche Angaben zur einschlägigen Literatur. H. FUCHS

LINCK, G. & H. JUNG

Grundriß der Mineralogie und Petrographie
Eine Einführung für Studierende und zum Selbstunterricht

3. Aufl., VEB Gustav Fischer Verlag, Jena 1960. — 415 S., 399 Abb.; 23,30 DM

Nachdem vor drei Jahren die 2. Auflage des Lehrbuches erschienen war, kam 1960 die 3. Auflage heraus. Sie ist gegenüber ihren Vorläufern erweitert worden. Die Abschnitte über Tonmineralien und über den Gitterbau der Kristalle wurden vervollständigt. Der Hauptteil des Buches behandelt die spezielle Mineralogie, es werden in ihm der Reihe nach die Mineralien vorwiegend magmatischer Entstehung, vorwiegend aus der sedimentären Abfolge und vorwiegend aus der metamorphen Abfolge behandelt. Kürzer werden im 3. Teil des Werkes die Grundzüge der Petrographie beschrieben. Seiner Ankündigung, eine Einführung zum Selbstunterricht über die Grundzüge der Mineralogie und Petrographie zu sein, wird das Buch gerecht. E.

Geophysik und Geologie, Beiträge zur Synthese zweier Wissenschaften

Hrsg. von ROBERT LAUTERBACH, Folge 1, 118 S., G. B. Teubner, Leipzig 1960

„Die meisten praktischen Probleme lassen sich nur dann erfolgreich lösen, wenn Geophysiker und Geologe zusammen denken und gemeinsam arbeiten, als seien sie eine Person", schreibt R. LAUTERBACH, der Leiter des seit 1958 so benannten „Instituts für Geophysikalische Erkundung" in Leipzig, in seinem Vorwort zu dieser „Folge 1" einer Schriftenreihe, deren Titel eine immer notwendiger werdende fortschrittliche Zielsetzung prägnant zum Ausdruck bringt. Die bisherigen Publikationen desselben Leipziger Arbeitskreises werden damit in neuer Form fortgesetzt. Die neue Reihe steht aber für jeden „Baustein zum Gebäude der angewandten Geophysik" offen. Daß die 12 Arbeiten des vorliegenden Heftes solche Bausteine liefern wollen, ist schon aus einigen Titeln ersichtlich. Da wird unter anderem zur Bestimmung der Schichtgeschwindigkeiten seismischer Wellen eine analytische Methode entwickelt (I. N. PETKOW). In einer regionalen Anwendung wird die geophysikalische Prospektion erörtert (I. BERGER). An einem anderen Beispiel wird die Methodik der geologischen Auswertung geomagnetischer Ergebnisse dargelegt (M. KOPF). An der Frankenwälder Querzone wird die Deutung der geophysikalischen Regionalstörungen vorgenommen (L. FRÖHLICH), und um geomagnetische Gefügeforschung geht es in einem Beitrag des Herausgebers R. LAUTERBACH. Nach dem Eindruck dieses ersten Heftes ist auch von den weiteren Publikationen der Reihe manche für die Verknüpfung von Geophysik und Geologie wegweisende Arbeit zu erwarten. HAVEMANN

FURON, R.

La Géologie et l' Économie moderne

Verlag Société d'Édition d'Enseignement Superieur, Paris 1960

Aus seinem reichen Erfahrungsschatz schildert der bekannte französische Geologe die große Bedeutung der Geologie und ihrer Hilfswissenschaften für die Wirtschaft eines jeden Landes. Nach einer kurzen Einführung in die Methoden und Aufgaben der Petrographie, Geochemie, Paläontologie, Geophysik, Tektonik und Stratigraphie wird auf die Bedeutung der Ingenieurgeologie für das Bau- und Verkehrswesen und der Hydrogeologie für die Versorgung der Industrie, Landwirtschaft und Bevölkerung mit Nutz- und Trinkwasser hingewiesen. In weiteren Kapiteln beschreibt FURON das Vorkommen und die Gewinnung wichtiger Metalle und Energierohstoffe. Auf die Erkundung dieser nutzbaren Mineralien wird kurz eingegangen und auf die steigende Bedeutung von Erdöl und besonders Erdgas hingewiesen. Ein Ausblick auf die zukünftige Ausnutzung der Atomenergie beschließt dieses populär geschriebene kleine Werk. F. HESS

Neuerscheinungen und Literaturhinweise

Fragen der Stratigraphie
Isd. AN SSSR, Sammelband, 1960, 208 S.

HOPPE, W.
Die Kali- und Steinsalzlagerstätten des Zechsteins in der Deutschen Demokratischen Republik, Teil I — Das Werragebiet
Freib. Forsch.-H., C 97, Berlin 1960. — 164 S., 38 Abb., 23 Tab.; 15,— DM

BRÜNING, H.
Periglazial-Erscheinungen und Landschaftsgenese im Bereich des mittleren Elbetales bei Magdeburg
Göttinger geographische Abh., H. 23, S. 77—80 (1959)

KUDRJAWZEW, N. A. & N. S. BESKROWSNY
Erdöllager und andere Formen des Auftretens von Erdöl, die mit Eruptions- und metamorphen Gesteinen im Zusammenhang stehen
Gostoptechisdat 1960. — 192 S.; 5,20 DM

GUNDLACH, H. & W. THORMANN
Versuch einer Deutung der Entstehung von Wolfram- und Zinnlagerstätten
Z. dtsch. geol. Ges., Bd. 112 (1960), Nr. 1, S. 1—35

THIENHAUS, R.
Paläogeographie und Genese der Eisenerzvorkommen des Dogger beta von Etzel-Friedeburg in Ostfriesland und Staffhorst bei Nienburg
Z. dtsch. geol. Ges., Bd. 112 (1960), Nr. 1, S. 150—163

MOSETTI, F.
Eine Anwendung des magnetometrischen Verfahrens bei der Prospektion auf Bauxit
Ind. mineralia, **11** (1960), Nr. 6, S. 409—412

IWANOW, K. I. & W. O. MALTSCHONOK
Die Bestimmung der Beschleunigung beim Seilschlagbohren
Gorni Journal, 1958, H. 6, S. 44—48

MICHEL, G.
Hydrogeologie des Weißelsterbeckens
Freib. Forsch.-H., C 94, Berlin 1960. — 128 S., 22 Abb., 6 Taf., 53 Tab.; 14.— DM

Hydrogeologischer Sammelband Nr. 4
Arbeiten des Berggeologischen Instituts, Bd, 48,
Isd. AN SSSR, Moskau 1960. — 240 S.

Nachrichten und Informationen

Erze

Aufbereitung und Verhüttung von Salzgitter-Erzen

Der Sondernummer des „Industrie-Kuriers" zum Eisenhüttentag 1960 entnehmen wir über die jüngsten Entwicklungen im Hüttenwerk Salzgitter:

Infolge des hohen Kieselsäuregehaltes des Roherzes ist die Roheisenerzeugung in Salzgitter eigene Wege gegangen. Dabei sind in den letzten fünf Jahren so bedeutende Verbesserungen durchgeführt worden, daß heute bei einem Brennstoffaufwand von etwa 800 kg Koks je t Roheisen die Herstellungskosten von Salzgitter-Roheisen etwa dem des Ruhr-Roheisens entsprechen, obwohl dieses zum großen Teil aus hochprozentigen Auslandserzen erschmolzen wird. Man nimmt daher an, daß das für Salzgitter-Erz entwickelte Verfahren auch für andere kieselsäurereiche Erzvorkommen Verwendung finden wird.

Das Hüttenwerk Salzgitter stellt also etwa 130000 moto Thomas-Roheisen zu Selbstkosten her, die denen der Thomas-Hochöfen der Ruhr entsprechen. In Salzgitter wird mit saurer Schlackenführung gefahren, wobei das Verhältnis Kalk zu Kieselsäure bei 1 oder darunter liegt. Das aus der Grube kommende Roherz wird zunächst zur Entfernung eines Teiles der Kieselsäure gewaschen. Bis zu einer Anreicherung auf etwa 34% Fe im Konzentrat liegen die Kosten, die in der Naßwäsche für die Entfernung von 1000 kg SiO_2 aufgewendet werden müssen, unter 25.— DM. Sie erhöhen sich auf 79,- DM, wenn in der Naßwäsche der Fe-Gehalt des Konzentrats auf 36—37% Fe gebracht werden soll. Im Hochofen ist die Trennung von Eisen und Kieselsäure nur über den Schmelzvorgang möglich, wird also durch die Kosten für den Kalkzuschlag und für den Wärmeaufwand, die Gangart und den Zuschlag für Schachtarbeit und für Schmelzen und Überhitzen (für Salzgitter etwa 73,— DM je 1000 kg SiO_2) bestimmt. Durch Vergleich des Kostenaufwandes für die Kieselsäureabscheidung in der Naßwäsche einerseits und im Hochofen andererseits sind die Grenzen der Aufbereitungsmöglichkeit von Salzgitter-Erz eindeutig bestimmbar. Deshalb liegt in Salzgitter die Anreicherungsgrenze für das Konzentrat in der Naßwäsche bei 36,6% Fe und 17% SiO_2. Oberhalb dieses Grenzwertes liegen die Kosten für die Abscheidung weiterer Kieselsäuremengen über 73,— DM je 1000 kg SiO_2, sind damit höher als im Hochofen und deshalb unrentabel.

Das in der Naßwäsche gewonnene feinkörnige Konzentrat wird zu „Normalsinter", dem Hauptbestandteil des Salzgitter-Möllers, verarbeitet. Mit etwa 44% Fe und 19% SiO_2 bzw. mit etwa 430 kg SiO_2 auf 1000 kg Fe weist der „Normalsinter" nur noch die Hälfte der im Roherz ursprünglich vorhandenen Kieselsäuremenge auf. Der „Ruhr-Möller" enthält etwa 150—200 kg SiO_2 auf 1000 kg Möllererz.

Der Koksverbrauch ging durch die Neuerungen von 1040 kg Koks je t Roheisen 1955 auf 814 kg 1959 zurück. Dies wurde vorwiegend durch Umstellung der Schlackenführung auf ein CaO/SiO_2-Verhältnis in der Schlacke von 0,65 (= übersaure Schlackenführung) und eine grundlegende physikalische Verbesserung des Möllers erreicht. Eine große Rolle spielte hierbei der hohe Alkaligehalt der Salzgitter-Erze (2,2% Alkali, 15,5% Tonerde in der Schlacke bei Basengrad $CaO : SiO_2 = 1 : 1$), da er die Dünnflüssigkeit der Schlacke förderte. In den letzten beiden Jahren wird deshalb in Salzgitter die gesamte Thomaseisenerzeugung mit einer übersauren Schlackenführung entsprechend einem Basengrad der Schlacke von rund 0,65 durchgeführt.

Der 1955 noch verwendete ,,Normalsinter" wurde seitdem durch einen Mischsinter ersetzt. Das Erz wird stärker zerkleinert und sorgfältig abgesiebt. Das gleiche geschieht mit dem im Thomas-Möller vorliegenden Peiner Erz. Das CaO/SiO_2-Verhältnis von früher rund 0,25 wird im Mischsinter auf über 0,4 angehoben. Durch die Umstellung auf übersaure Schlackenführung braucht dem Thomas-Möller von Salzgitter keinerlei Kalkstein mehr zugesetzt zu werden. 1955 hatte der Zuschlag noch etwa 480 kg Kalkstein pro t Erz betragen. Jetzt werden im Monat 60000 t Kalkstein gegenüber 1955 eingespart, wodurch der Koksverbrauch herabgesetzt und der Hochofen entlastet wird. Die in den letzten fünf Jahren erzielte Kokseinsparung beträgt etwa 23%, gleichzeitig konnten die Herstellungskosten je t Roheisen um etwa 16% gesenkt werden.

Der im Roheisen verbleibende Schwefel wird erst außerhalb des Ofens durch Zugabe von Soda aus dem flüssigen Roheisen entfernt.

Die Roheisenkosten konnten durch die übersaure Schlackenführung gegenüber 1939 um fast $^1/_3$ gesenkt werden.

Das anfallende Gichtgas dient zur Unterfeuerung der Koksöfen, während gleichzeitig das anfallende Kokereigas in die Ferngasleitung eingeschleust wird. Das Kraftwerk kann mit Kohlenstaub, Gichtgas oder Koksofengas je nach Bedarf gefahren werden.

Die Diskrepanz zwischen der maximalen Möglichkeit der Erzeugung von Ferngas, die durch die jeweilige Höhe der Roheisenerzeugung und die Kapazitätsgrenze der Kokerei begrenzt ist, und dem im Winter auftretenden Spitzenbedarf für Ferngas wird durch den Bezug von Erdgas, das im Feld Meerdorf nördlich von Peine gewonnen wird, ausgeglichen.

Unter Zusatz von Kalk und Aluminiumpulver wird aus der Flugasche des Kraftwerkes Ytong hergestellt, das ein guter Baustoff mit wärmeisolierenden und schallschluckenden Eigenschaften ist.

Die neue Technik, die bei der Aufbereitung und Verhüttung der Salzgitter-Erze angewandt wird, sollte auch bei der Verarbeitung unserer eigenen kieselsäurehaltigen Erze in Erwägung gezogen werden, und bei weiterer Erkundung neuer Lagerstätten sollten die an den Rohstoff zu stellenden Forderungen der modernen Hüttentechnik von vornherein weitgehende Beachtung finden. E.

Eisenerzvorkommen in Mauretanien

Die im Februar 1952 gegründete französisch-britisch-kanadische ,,Miferma" hat nach geologischen Untersuchungen geschätzt, daß die Eisenerzvorkommen ihres Konzessionsgebiets mindestens 235 Mill. t Eisenerz enthalten. 95 Mill. t liegen bei Tazadit, 25 Mill. t bei F'Derik und 15 Mill. t bei Rouessa an der Oberfläche und können im Tagebau gefördert werden. Weitere 22 Mill. t bei F'Derik und 78 Mill. t aus anderen Lagerstätten sind unter Tage leicht zugänglich. Vorerst werden die Gruben von Tazadit und F'Derik erschlossen. Ende nächsten Jahres beginnt der Abbau bei Tazadit, so daß zwei Jahre später, wenn ein Eisenbahnanschluß geschaffen sein wird, bereits zwei Mill. t Eisenerz verladebereit liegen. Mit der von der Eisenbahn heranzuführenden Ausrüstung soll wiederum nach zwei Jahren die Förderung bei F'Derik beginnen. He.

Eisenerze in der französischen Sahara

In der westlichen französischen Sahara wurden im Gebiet von Gara Djebilet flachliegende Eisenerzlinsen in geringer Teufe aufgefunden. Es handelt sich um oolithische Eisenerze devonischen Alters. Die Hauptlagerstätte, die Gehalte bis 65% Fe erreichen kann, besteht aus 6 bis 10 m mächtigen magnetitreichen Eisenoolithen. Im Hangenden und im Liegenden der Hauptlagerstätte befinden sich ebenfalls noch 0 bis 15 m mächtige Eisenerzlager, deren Gehalte jedoch bei 40—50% Fe liegen. Das Liegende der oolithischen Formation bilden Tonsteine, während sie im Hangenden in Sandsteine übergeht. Die Größe der Lagerstätte wird auf 400—450 Mill. t geschätzt. Bc.

Antimonerzeugung der Welt

Wie in vielen anderen Zweigen des Erzbergbaus zeigte die Produktion an Antimonerzen in der kapitalistischen Welt im letzten Jahrzehnt im Wechsel von Konjunktureinbrüchen und Rüstungsbooms erhebliche Schwankungen. So ging die Produktion von Antimonerzen in den kapitalistischen Ländern von 52900 metr. t 1951 auf 30500 metr. t 1959 zurück.

Die Welt-Antimonerzförderung (Metallinhalt, in 1000 metr. t) zeigt folgende Entwicklung:

	1951	1959
VR China	4,2	15,0
UdSSR	5,0	6,0
ČSSR	1,6	1,6
sozialistische Länder	10,8	22,6
Bolivien	11,8	5,5
Südafrika	15,9	12,3
Mexiko	7,4	3,3
kapitalistische Länder insgesamt	52,9	30,5
Welt	63,7	53,1

Der dem Charakter ihres Wirtschaftssystems entsprechenden äußerst wechselhaften Entwicklung der Antimonerzeugung der kapitalistischen Länder steht die planmäßige und stete Aufwärtsentwicklung der Produktion des sozialistischen Weltlagers gegenüber. Die Zunahme der Erzförderung ist dort vor allem auf die rasche Produktionssteigerung der letzten Jahre in der VR China zurückzuführen. He.

Wolframerzförderung

Nach dem US-Bureau of Mines betrug die Wolframerzförderung der Welt, berechnet auf Konzentrat mit 60% WO_3 metr. t:

	1955	1956	1957	1958
Nordamerika	18656	17258	7416	4371
Südamerika	9451	9807	9768	8547
Europa	17500	17300	16100	13800
Afrika	3183	3354	2886	1749
Asien	30700	31700	36200	33400
Australien u. Ozeanien	2798	2987	2665	1604
Welt	82300	82400	75000	63500
Durchschnittspreise in $ für amerikanisches Erz	61,97	57,90	24,72	17,56

Der Anteil der kapitalistischen Länder ist stärker gesunken, als aus der Tabelle ersichtlich ist; denn ein erheblicher Teil der Förderminderung wurde durch Mehrproduktion von China, dem Hauptproduzenten, ausgeglichen. In den USA sank die Wolframerzförderung ab 1955 von 16412 t auf 3867 t 1958. E.

Sonstiges

Wasserverluste in Bewässerungssystemen

Einem sehr beachtenswerten Beitrag von DIMO WELEY (Sofia) über Wirkungsgrad und Nutzeffekt von Bewässerungssystemen in ,,Wasserwirtschaft — Wassertechnik", 1960, S. 480—486, entnehmen wir:

,,Die in vielen Ländern angestellten Beobachtungen und Untersuchungen haben ergeben, daß ein großer Teil des den

Bewässerungssystemen zugeleiteten Wassers verlorengeht. In manchen Fällen sind die Verluste so hoch, daß kaum 50% des bereitgestellten Wassers auf die Felder verteilt wird. Die Faktoren, die diese Verluste bedingen, sind sehr zahlreich, können jedoch in folgende Hauptgruppen eingeteilt werden:

1. geographische Faktoren,
2. ingenieurtechnische Faktoren,
3. betriebstechnische Faktoren.

Zur ersten Gruppe, den Geofaktoren, gehören: Art und Eigenschaften des Bodens und Untergrunds, in dem die Kanäle liegen, die geologische und hydrogeologische Beschaffenheit der Kanaltrasse, die klimatischen Verhältnisse (Wasser- und Bodentemperatur, Luftdruck, Lufttemperatur, Luftfeuchtigkeit und Windverhältnisse), die physikalisch-chemischen Eigenschaften des Wassers, die Betriebsart der Kanäle, d. h., ob sie beispielsweise ständig oder periodisch betrieben werden und ob mit längeren oder kürzeren Ruhepausen gearbeitet wird, und schließlich das Alter der ständig betriebenen Kanäle und ihre Dichtungsverhältnisse." E.

Tschechoslowakische Bewässerungspläne

Nach „Hospodářské nowiny", Nr. 33, 1960, ist beabsichtigt, in der Wasserwirtschaft der ČSSR grundlegende Veränderungen vorzunehmen. Die sozialistische Großlandwirtschaft erfordert umfassende Bewässerungsmaßnahmen, damit sie von den Witterungseinflüssen unabhängiger wird. Während in den letzten Jahrzehnten etwa 40000 ha bewässert wurden, werden im dritten Planjahrfünft weitere 171000 ha bewässert, davon 78000 ha durch Berieselung. Bis zum Jahr 1975 wird das Gesamtausmaß der bewässerten landwirtschaftlichen Nutzfläche in der ČSSR etwa 700000—800000 ha betragen.

Auf schnellstem Wege muß die Verteilung der zu bewässernden Flächen auf die einzelnen Einzugsgebiete festgelegt und gleichzeitig die durchschnittliche optimale Wassermenge zur Bewässerung eines Hektars Boden bestimmt werden. Davon hängt die Sicherung ausreichender Wasservorräte in den betreffenden Gebieten ab. Zur Bewässerung von 500000 ha Boden müssen bei einer Wasserabgabe von 3000 m^3 je ha 1,5 Mrd. m^3 vorwiegend in der ersten Hälfte der Vegetationsperiode (Mai—Juni) zur Verfügung stehen. E.

Westdeutsche Bodenkarten der Marschen

Kartierungsarbeiten des Niedersächsischen Landesamtes für Bodenforschung in Hannover verfolgen das Ziel, die geologische Entstehung und die bodenkundlichen Eigenschaften der Marschböden zu klären. Bisher sind etwa 40% der zu untersuchenden 375000 ha im Maßstab 1 : 25000 kartiert.

Bei der Feinkartierung im Maßstab 1 : 5000 wird jeweils für ein Gebiet von 400 ha angestrebt, möglichst bindende Aussagen über die Drän- und Ackerfähigkeit, über den Bodenaufbau sowie über die möglichen und notwendigen Meliorationsmaßnahmen zu geben. Etwa 200—300 Bohrungen, die bis zu 4 m bzw. bis zum diluvialen Untergrund niedergebracht werden, sind für eine Fläche von 400 ha nötig. Die geologischen und bodenkundlichen Verhältnisse werden auf der Karte durch unterschiedliche Farben und Zeichen wiedergegeben; die vorgeschlagenen Meliorationsmaßnahmen erscheinen auf einem durchsichtigen Deckblatt. In einem Beiheft werden die augenblicklichen Verhältnisse und Änderungsvorschläge erläutert sowie typische Profile dargestellt. Die Dreiteilung in Karte, Deckblatt und Beiheft erlaubt eine schnelle Klärung spezieller Fragen. Bisher sind 60 Blätter feinkartiert worden. E.

Europäische Salzstudienkommission

Mit Sitz in Paris wurde eine Europäische Salzstudienkommision gebildet. Sie umfaßt nicht nur die EWG-Länder, sondern auch die übrigen salzerzeugenden westeuropäischen Länder, wie Schweiz, Österreich, England und Spanien. In der Salzstudienkommission werden Probleme der europäischen Salzindustrie auf technischem, wirtschaftlichem und sozialem Gebiet behandelt und koordiniert, soweit dieses im Rahmen des EWG-Vertrages möglich ist. Die europäische Salzerzeugung, die sich aus Meersalz, Steinsalz und Siedesalz zusammensetzt, liegt zur Zeit über 16 Mill. jato. Hiervon werden von den vier salzerzeugenden EWG-Ländern über 10 Mill. jato produziert.

„Ozeanologie"

Ab Januar des Jahres erscheint unter dem Titel „Ozeanologie" eine neue, von der Akademie der Wissenschaften der UdSSR herausgegebene Zeitschrift unter der Chefredaktion von LEW SEKEWITSCH, dem Vorsitzenden der Ozeanographischen Kommission der Akademie. In dieser neuen Publikation werden alle modernen Probleme der Ozeanologie, der maritimen Meteorologie und Geologie, der Aerologie, der Hydrochemie und der Hydrobiologie behandelt werden. E.

Kurznachrichten

Im Feld Reitbroock-West wurde die Sonde 4 im **Dogger Beta** in 1831—1843 m Teufe **fündig**. Förderung durch 3—4-mm-Düse 40 t Rohöl pro Tag, Gas/Öl-Verhältnis 16:1.

Der Durchsatz der im Bau befindlichen **Rohölleitung Karlsruhe-Bayern** (250 km lang, 60 cm ∅) soll mit einer Pumpstation 4—5 Mill. jato erreichen.

Die DEA-Raffinerie in Heide wird 150 Mill. m^3 **Raffineriegas** an die Gasverbundwirtschaft **Schleswig-Holstein** liefern.

Die Sonde Alborz 8 im Feld von Qum, 120 km südlich von **Teheran**, wurde gut fündig, so daß das Produktionspotential des Feldes jetzt ca. 3000 tato **Rohöl** beträgt.

Eine inner**syrische Rohöl**leitung von 510 km Länge ist im Bau, eine weitere von 760 km zum Mittelmeerhafen Laodine wird projektiert.

Die Anfangsproduktion von Ohanet (**algerische** Sahara) wird 1,5 Mill. jato betragen. Das **Rohöl** wird durch eine Fernleitung der Pipeline Hassi-Messaoud nach Bougie zugeführt.

Von Zelten (**Libyen**) wird eine 160 km lange **Rohölleitung** von 30" ∅ nach Marsa el Brega an der Syrte verlegt.

In **Texas** wurde in den ersten 8 Monaten des Jahres 1960 nur an 71 Tagen **Rohöl** gefördert, also im Durchschnitt etwa $8^1/_2$ Tage pro Monat.

Die längste elastische **Erdgasunterwasserleitung** der Welt soll über eine Strecke von 84 km Britisch-Kolumbien mit der Insel Vancouver (Kanada) verbinden. Durch die Leitung können innerhalb von 24 Stunden 1,5 Mill. m^3 Erdgas vom kanadischen Festland auf die Insel befördert werden.

Der **australische Kohlenbergbau** erreichte im Wirtschaftsjahr 1959/60 eine Förderung von 21 Mill. t Steinkohle, hauptsächlich im Untertagebau (19 Mill. t) gewonnen.

Die Schachtanlage „Konrad I" (**Salzgitter**) hat nach 23 Monaten Bauzeit 1232 m Endteufe erreicht und mit der **Erzförderung** aus der Sohlen- und Streckenvorrichtung begonnen.

Zwischen Schwaförden und Brake ist unweit **Nienburg** mit dem Abteufen eines **Eisenerz**-Versuchsschachtes (Gefrierschacht bis etwa 260 m, Endteufe etwa 1000 m) begonnen worden.

Die **Erzvorräte Jugoslawiens** stellen bei Blei etwa 6,6%, bei Zink 2,3% der Weltvorräte dar. An der Weltproduktion ist Jugoslawien mit 3,1% Blei und 1,2% Zink beteiligt.

Um die für das „**Projekt Mohole**" vorgesehenen Geräte und technischen Einrichtungen zu überprüfen, wollen USA-Wissenschaftler im März 1961 bei der Insel Guadalupe vor der Westküste Mexikos in 3600 m Wassertiefe mit Probebohrungen beginnen.

In den nächsten Heften der Zeitschrift für angewandte Geologie

erscheinen u. a. folgende Beiträge:

E. DITTRICH & H.-J. PAECH: Ingenieurgeologische Probleme beim Bau des Pumpspeicherkraftwerkes Hohenwarthe II (Amalienhöhe)

W. MEHNER: Die Tonindustrie Brandenburgs, ihre Lagerstätten und Perspektiven

N. A. PERKOW: Untersuchungen der Salzprofile durch geophysikalische Bohrlochmessungen

E. THOMAS: Strukturelemente im Raume Ost-Mecklenburg und Nordost-Brandenburg auf Grund von Ergebnissen seismischer Refraktionsmessungen

Instruktion zur Anwendung der „Klassifikation der Lagerstättenvorräte fester mineralischer Rohstoffe" auf Eisenerzlagerstätten der Deutschen Demokratischen Republik

E. WOHLMANN: Zinn-, Wismut- und Antimonbestimmungen in Erzen und Konzentraten unter Anwendung des Anionenaustauschers Wofatit L 150

G. HEMPEL: Die Messung von Linearen in der Tektonik

R. REUTER: Die Lagerungsverhältnisse des Zechsteins im Raume Bernburg—Güsten—Aschersleben

G. KNITZSCHKE: Vererzung, Hauptmetalle und Spurenelemente des Kupferschiefers in der Sangerhäuser und Mansfelder Mulde

Herausgeber: Staatliche Geologische Kommission und Zentrale Vorratskommission für mineralische Rohstoffe der Deutschen Demokratischen Republik. Chefredakteur: Prof. Dr. Erich Lange, Berlin. Redaktion: Berlin N 4, Invalidenstraße 44. Verlag: Akademie-Verlag GmbH, Berlin W 8, Leipziger Straße 3—4 (Fernsprecher 220441, Telex 011773, Postscheckkonto: Berlin 35021). Bestellnummer des Heftes 1047/7/4. Die „Zeitschrift für angewandte Geologie" erscheint monatlich. Bezugspreis 2,— DM je Heft. — Satz und Druck: Druckhaus „Maxim Gorki", Altenburg. Veröffentlicht unter der Lizenznummer ZLN 5008 des Ministeriums für Kultur. Karten: MdI der DDR Nr. 6152, 6172, 6201/K 11.

Kolibri 360 GmbH
Ferdinand-Jühlke-Straße 7
99095 Erfurt, Deutschland
produktsicherheit@kolibri360.de